Los agujeros negros

Un paseo por el
COSMOS

Los agujeros negros

Las fuerzas extremas de la gravedad

RBA

Imagen de cubierta: La luz que pasa próxima a un agujero negro bien cae dentro de su pozo gravitatorio y literalmente desaparece, o queda distorsionada y con ella la imagen de los objetos de los que procede.

Para Ana, Miguel y Candela.
Con un recuerdo emocionado para
Lucas Lara y Javier Gorosabel.

Dirección científica de la colección: Manuel Lozano Leyva

Realización: EDITEC

Diseño cubierta: Llorenç Martí

Diseño interior: tactilestudio

Infografías: Joan Pejoan

Fotografías: Biblioteca del Congreso de EE.UU.: 115b; Caltech: 137; Jim Campbell/Aero-News Network: 39b; ESA/NASA/Planck Collaboration: 81, 133; ESO/WFI (óptico), MPIfR/ESO/APEX/A.Weiss et al. (milimétrico), NASA/CXC/CfA/R.Kraft et al. (rayos X): 134-135; ESO/José Francisco Salgado: 102-103; ESO/MPE/M. Schartmann: 119; Biswarup Ganguly: 126; Handout/Getty Images: 39ad; Hawking.org.uk: 39ai; Christopher E. Henze, NASA: 141; Museo de Historia de Berna, Suiza: 115ad; NASA: portada; NASA, ESA, S. Baum y C. O'Dea (RIT), R. Perley y W. Cotton (NRAO/AUI/NSF), STScI/AURA: 123; NASA/CXC/M. Weiss: 67; NASA/ESA: 34-35; NASA, ESA, J. Hester y A. Loll (Universidad Estatal de Arizona): 60-61; NASA/JPL: 109b; NASA/JPL-Caltech: 64-65; NRAO (National Radio Astronomy Observatory), EE.UU.:107a, 107b; Science Photo Library/Age Fotostock: 92-93; Sky & Telescope/Sean Walker: 109a; STEREO Project, NASA: 69; Time Inc.: 115ai.

ISBN: 978-84-473-8302-3
Depósito legal: B-16874-2015

Impreso en Liberdúplex

Impreso en España - *Printed in Spain*

SUMARIO

INTRODUCCIÓN 7

CAPÍTULO 1 El fruto más extremo de la gravedad 13

CAPÍTULO 2 Los agujeros negros estelares 47

CAPÍTULO 3 Destellos en la oscuridad: la detección de agujeros negros 73

CAPÍTULO 4 En el corazón de las galaxias 97

LECTURAS RECOMENDADAS 145

ÍNDICE 147

INTRODUCCIÓN

La idea de compactar toda la materia de la Tierra hasta reducirla a una bola de apenas 2 cm de diámetro, incluidos los continentes, océanos y la inmensa masa de su interior, resulta tan increíble que parece condenada a malvivir en las páginas de una novela barata de ciencia-ficción. El problema práctico reside no ya en la escala planetaria del proceso, sino en la intensidad misma de la compresión, que ninguna apisonadora, prensa hidráulica o máquina alguna creada por el ser humano es capaz de desarrollar ni remotamente.

Ahora bien, ¿existe algún proceso natural capaz de concentrar grandes cantidades de materia hasta alcanzar esa densidad? La respuesta, por sorprendente que parezca, es que sí. Imaginemos una estrella más brillante y con una masa por encima de ocho veces la del Sol. Hay muchas en el universo. De vida más corta que nuestro astro, estas grandes estrellas fusionan nuclearmente elementos cada vez más pesados hasta que ya no pueden mantener el equilibrio, momento en el que se desencadena un proceso que culmina con una formidable explosión: la *supernova*. Parte de su materia, en esencia las capas más externas, es disparada en todas direcciones, conformando una espectacular nube de gas y polvo en expansión que constituye una de las visiones más sobrecogedoras de las que se pueden captar con nuestros modernos telescopios. En la fase de supernova puede decirse que la estrella ha dejado de existir. De sus cenizas, sin embargo, va a surgir algo más extraordinario.

Fijémonos en el núcleo de la estrella muerta. Con el cese de la actividad nuclear y los fenómenos desencadenados a raíz de dicho cese, se pierde el equilibrio de fuerzas que la mantenía en su forma habitual. La estrella es incapaz de soportar su propio peso y se derrumba sobre sí misma, compactándose de manera colosal. Si la masa no es mucha, puede alcanzar un nuevo equilibrio que la convierte en una estrella de neutrones, un objeto de enorme densidad el cual, sin embargo, todavía opera dentro de los límites de una física, digamos, ordinaria. Si, por el contrario, la masa es lo suficientemente grande, la estrella sigue comprimiéndose hasta alcanzar una densidad asombrosa; tan asombrosa que, para hacerse una idea, equivale a compactar la Tierra hasta convertirla en… una esfera de 2 cm de diámetro. El núcleo de esa estrella muerta, encogido hasta ocupar unas pocas decenas de kilómetros, se ha transformado en un *agujero negro*. Debido a la pluma del astrofísico estadounidense John Wheeler, el término «agujero negro» ha capturado la imaginación de legos y especialistas como muy pocos de entre los que integran el amplio léxico de la ciencia moderna. Ahora bien, ¿por qué «negro»? ¿Y por qué «agujero»?

Desde Einstein sabemos que la gravedad es una deformación del espacio-tiempo provocada por la presencia de masa y energía. Un agujero negro es una región del espacio con una concentración de masa muy elevada, de manera que genera un campo gravitacional de magnitud tal que ni siquiera la luz alcanza la velocidad suficiente como para escapar de su atracción. Si la luz misma queda atrapada, está claro que el objeto en cuestión será la definición misma de *negro*. ¿Qué ocurrirá con el resto de materia, que por definición se mueve a velocidades inferiores? Pues que cualquier cosa que se acerque lo suficiente será engullida por él, como por un *agujero* del que no se puede escapar.

Una deformación tal del espacio-tiempo tiene otras consecuencias, todas ellas situadas de lleno en el ámbito de la física relativista. Muy cerca de un agujero negro, por ejemplo, el tiempo transcurre más lentamente que en el espacio circundante: a mayor cercanía, mayor lentitud. Si las condiciones de observación lo permitieran, un observador externo de una nave espacial que se precipitara a un agujero negro la vería moverse cada vez más despacio; entre tanto, desde la nave, los movimientos en el espacio alejado del agujero parecerían más rápidos de lo normal. Si fuera posible sobrevivir al paso por las inmediaciones de un agujero negro, lo que es mucho imaginar, llegaría un punto en que cada minuto de angustia de los tripulantes de la nave sería un año para el observador externo. O un siglo. O, caso de acercarse lo suficiente, una eternidad.

Lo cierto es que nadie sabe qué hay dentro de un agujero negro. Las condiciones físicas que allí deben reinar se apartan tanto de la física cotidiana y hasta de la lógica común que hay que entregarse a lo que dicta la física cuántica. Dichos modelos nos dicen que un agujero negro tiene una frontera, el *horizonte de sucesos*, que marca la distancia mínima a la que un objeto puede acercarse sin quedar atrapado sin remedio. Cuando se cruza el horizonte de sucesos, ya no hay vuelta atrás; es una frontera sin retorno. Nada puede ya salir porque la velocidad de escape necesaria supera a la de la luz. Por la misma razón, desde ese lado interior de la frontera ya no llega ningún tipo de radiación al exterior. El centro del agujero negro, o eso nos dicen nuestros modelos, se comporta como lo que se conoce como una *singularidad*. Ahí dentro el tiempo se detiene, el espacio deja de existir, y magnitudes como la densidad alcanzan valores infinitos. La singularidad es el destino ineludible de todo lo que traspasa el horizonte de sucesos.

Se ha llegado a especular con que la distorsión provocada por los agujeros negros los convierta en «túneles» que enlacen regiones distantes del cosmos. A estas conexiones entre puntos separados del universo o, por qué no, conexiones entre dos universos distintos, se las llama *agujeros de gusano* y constituyen una muestra del enorme potencial especulativo que aquellos objetos ofrecen a la imaginación científica.

Una vez creado, un agujero negro parece ser indestructible. Es como una aspiradora cósmica sin botón de parada y con un depósito de capacidad infinita. Si tiene la oportunidad, un agujero negro es perfectamente capaz de engullir planetas, estrellas, nubes de gas... Por todo ello, puede aumentar de manera espectacular su masa inicial de unas pocas veces la del Sol. Resulta inquietante saber que hay objetos tan voraces en el cosmos. Y quizá lo es aún más el hecho de que, como ni la luz ni ninguna otra radiación electromagnética son capaces de salir del interior de un agujero negro, este puede resultar indistinguible de la propia negrura del espacio. Esto último podría hacer pensar —equivocadamente— que los agujeros negros están condenados al estatus de hipótesis imposible de comprobar.

La idea de una «estrella oscura» fruto de una atracción gravitatoria extrema fue conjeturada ya en vida de Newton, aunque la idea no empezó a adquirir una forma científicamente sólida hasta principios del siglo xx de la mano de la relatividad. Las décadas de 1950 y 1960 vieron grandes progresos teóricos en el estudio de los agujeros negros. De los años sesenta datan asimismo observaciones astronómicas en las que se detectaron ya objetos cósmicos extraños que luego se acabarían identificando como agujeros negros (o como cuerpos relacionados con ellos, tales como los quásar o los púlsar). El primer objeto astronómico en ser aceptado ampliamente por la comunidad científica como agujero negro fue Cygnus X-1. Su condición de tal comenzó a ganar peso en la década de 1970, aunque se necesitó más tiempo y observaciones para convencer a la mayor parte de la comunidad científica.

Llegada la década de 1990, y sobre todo con las observaciones del telescopio espacial Hubble, las detecciones de objetos susceptibles de ser agujeros negros aumentaron con rapidez y se comenzó a imponer la noción de que muchas galaxias típicas albergan en su núcleo a un agujero negro supermasivo. Y no se trata de una hipérbole: algunos de estos auténticos «monstruos» gravitatorios, como el que ocupa el centro de la galaxia M87, alcanzan una masa de decenas de miles de millones de veces la del Sol y ocupan un espacio comparable al de un sistema solar. Nuestra propia galaxia, la Vía Láctea, acoge a uno en su centro, conocido como SgrA*.

Para explorar un agujero negro hay que recurrir a formas indirectas de detección, basadas en saber reconocer las perturbaciones que ocasiona a su alrededor. Como a mayor masa, más probable será encontrar huellas de su presencia en su entorno inmediato, a menudo es más fácil explorar un agujero negro supermasivo que otros objetos similares pero de menor tamaño. En primer lugar, si hay materia lo bastante cerca de él y en cantidades abundantes, se puede apreciar un remolino de gas y polvo, en forma de disco. Otra señal reveladora es la existencia de dos chorros de partículas emitidos en direcciones opuestas alineadas con el eje de rotación del disco y que nacen en las inmediaciones del agujero negro para alcanzar longitudes mayores que las de la galaxia que lo acoge. Si, además, está lo bastante cerca de diversas estrellas, como suele ocurrir cuando reside en el sector central de una galaxia, es factible detectar detalles sospechosos en los movimientos de cada uno de esos soles al orbitar alrededor del centro galáctico. La actividad del agujero arrancando materia de, por ejemplo, una estrella con la que forma pareja en un sistema binario, también ocasiona perturbaciones típicas. Hay que imaginarse el espectáculo: una poderosa estrella siendo desgarrada y arrastrada a la singularidad sin que ningún poder en el universo pueda impedirlo.

Y es que la detección de agujeros negros supermasivos constituye una tarea ardua, rodeada de enormes dificultades técnicas y teóricas. La recompensa, sin embargo, tal vez sea la mayor que ofrece la astronomía: observar, aunque en ocasiones hagamos poco más que intuir, los objetos más extraordinarios del universo.

CAPÍTULO 1

El fruto más extremo de la gravedad

Considerados en su día un mero divertimento teórico, los agujeros negros son en la actualidad un laboratorio privilegiado donde poner a prueba nuestras teorías sobre el espacio y el tiempo. Todo en ellos es extremo: las condiciones de su nacimiento, el modo en que distorsionan la realidad y las posibilidades que ofrecen a nuestra imaginación.

Si hay una fuerza con la que estamos todos familiarizados es la gravedad. Si se tira una piedra hacia arriba, vuelve a caer. Lo que resulta asombroso es que esa misma fuerza gobierna no solo la subida y la caída de la piedra, sino también los movimientos de los astros en cualquier rincón del universo. Aunque en el reino de lo muy pequeño tienen más poder fuerzas tales como la electromagnética o la nuclear fuerte, cuando ampliamos el *zoom* la gravedad reina. Ella sola es capaz de explicar la estructura a gran escala del universo. En principio, la gravedad tendería a agrupar todo en torno a un centro común, pero, sin embargo, en el universo existen diferentes estructuras, como estrellas, cúmulos estelares, galaxias o cúmulos de galaxias. Ello es debido al equilibrio en que se encuentra la gravedad con otros efectos dispersivos. Incluso, en el universo como conjunto, la gravedad parecería estar perdiendo la batalla, ya que este se encuentra en expansión, debido a un tipo de presión especial que se relaciona con la denominada energía oscura. Pero como se mostrará a lo largo del presente libro, en los agujeros negros la gravedad vence.

Regresemos a nuestra piedra, arrojada hacia arriba en línea recta. La altura máxima que alcanzará será tanto mayor cuanto mayor sea la velocidad inicial que le hayamos dado al arrojarla. Existe, de hecho, una velocidad, conocida como *velocidad de escape*, tal que si la piedra se lanzara a una velocidad superior a ella, sería capaz de escapar de la atracción gravitatoria de la Tierra. Esta velocidad es aproximadamente de 11,2 km/s. Si en lugar de lanzar la piedra desde la superficie terrestre, pudiéramos hacerlo desde la del Sol, la velocidad necesaria para que escapara de la atracción gravitatoria del astro rey sería bastante mayor, unos 620 km/s. El valor de la velocidad de escape, v_e, se obtiene a partir de la ecuación siguiente:

$$v_e = \sqrt{\frac{2GM}{R}}$$

Las otras variables de la expresión son la masa M del objeto que ejerce la atracción gravitatoria, su radio, R, y la constante gravitatoria, G (cuyo valor es $6{,}67 \cdot 10^{-11}$ m^3/kg$\cdot$s^2). Es decir, si la Tierra tuviera la misma masa ($6 \cdot 10^{24}$ kg), pero su radio fuera dos veces menor (3 185 km en lugar de 6 370 km), la velocidad requerida para escapar de su «abrazo» sería mayor (alrededor de 16 km/s).

Imaginemos ahora un escenario en el que la Tierra siguiera compactándose y, con la misma masa, fuera reduciendo su radio cada vez más, hasta alcanzar un tamaño de 0,9 cm. Haciendo cuentas se puede constatar que, para vencer el campo gravitatorio ejercido por una masa como la de la Tierra concentrada en tan pequeño volumen, la velocidad de escape sería de unos 300 000 km/s, ¡la velocidad de la luz en el vacío! Ahora bien, dado que, según la teoría de la relatividad especial, dicha velocidad es la máxima que se puede alcanzar, nada, ni siquiera la luz, podría escapar de un objeto así. La Tierra se habría convertido en lo que conocemos como *agujero negro*.

De la ecuación anterior se desprende que el tamaño del agujero negro, el radio, depende de la masa. Un agujero negro con la masa de la Tierra tendría, como hemos visto, un radio de 0,9 cm; si su masa fuera la del Sol, tendría 3 km de radio. La fuente SgrA* (léase Sagitario A estrella), un objeto emisor situado en el centro de la Vía Láctea, en la dirección del brazo de Sagitario, parece ser un enorme agujero negro con una masa equivalente a 4 millones de soles y un radio inferior a una unidad astronómica (UA, 150 millones de kilómetros, la distancia media entre la Tierra y el Sol). Finalmente, los agujeros negros supermasivos que se cree que residen en el corazón central de la mayor parte de las galaxias de forma espiral o elíptica (el SgrA* sería el de la Vía Láctea), y que pueden alcanzar una masa de unos mil millones de veces la del Sol, tendrían un tamaño similar al de nuestro sistema solar.

LAS «ESTRELLAS OSCURAS» DEL CLÉRIGO MICHELL

Los agujeros negros se deducen de forma natural de las implicaciones de la gravitación universal, tal como lo demuestra el hecho de que el primero en especular sobre su existencia fue, en vida de Newton, el clérigo y filósofo de la naturaleza inglés John Michell.

Michell estudió en Cambridge, donde con el tiempo pasó a enseñar aritmética, teología, griego, filosofía y su gran especialidad, geología. Cuando contaba con cuarenta y tres años le tocó el equivalente en la época a un billete de lotería: el cargo de rector, en su caso de Thornhill, una pequeña localidad cerca del centro geográfico de Gran Bretaña. Las obligaciones de los rectores, y más en un enclave tan diminuto, eran pocas y requerían aún menos trabajo, a cambio de lo cual tenían asegurada casa, manutención y una renta vitalicia normalmente generosa. Michell abandonó la universidad pero no la ciencia, y desde su humilde rectoría se fue carteando con los científicos más destacados de la época sobre temas tan diversos como los terremotos —de los que se convirtió en el primer estudioso moderno—, el magnetismo, el estudio de la luz, la composición de las Pléyades... y los agujeros negros.

En una misiva de 1783 dirigida a la Royal Society, Michell escribió: «Si en efecto existieran en la naturaleza cuerpos cuyo diámetro excediera 500 veces el del Sol», ejercerían una atracción gravitatoria tan fuerte y la velocidad de escape sería tan alta que «toda la luz emitida por un cuerpo tal se vería obligada a regresar a él por su propia fuerza de gravedad». Por ello, no se tendría de estas «estrellas oscuras», como las bautizó, evidencia visual alguna. Pocos años después de Michell, el gran astrónomo y matemático Pierre-Simon Laplace, el «Newton francés», dejaba constancia de una idea similar:

> En algún lugar de los cielos pueden existir objetos invisibles tan grandes como las estrellas, y tal vez más numerosos. Una estrella de la misma densidad que la Tierra, y cuyo diámetro fuera doscientas cincuenta veces mayor que el del Sol, no permitiría, a causa de su atracción [gravitatoria], que ninguno de sus rayos de luz nos alcanzara; en consecuencia, es posible que los mayores objetos luminosos del universo sean, por esa razón, invisibles.

Ni Michell ni Laplace consideraban a sus «estrellas invisibles» como otra cosa que meros artefactos teóricos. No solo no se tenía constancia de ningún objeto de una densidad que siquiera se acercara a la necesaria para atrapar la luz, sino que el concepto mismo de que la luz podía ser «atrapada», es decir, afectada por la gravedad, distaba mucho de ser aceptado globalmente por la comunidad científica. Este escollo teórico dejó de serlo a principios del siglo pasado, cuando el físico de origen alemán Albert Einstein propuso que la gravedad no era otra cosa que la curvatura del espacio-tiempo, y que incluso la luz se vería obligada a alterar su trayectoria en presencia de dicha curvatura. Pocos meses después de que Einstein hiciera pública su revolucionaria teoría, su compatriota Karl Schwarzschild aplicó las ecuaciones al caso de una masa esférica no rotante y se dio de bruces con la existencia de una singularidad, es decir, un punto donde las magnitudes físicas, tales como la densidad, pasaban a tener valores infinitos. Esa singularidad se hallaba ubicada en el interior de una superficie circular de un radio determinado. ¿Un punto con densidad infinita? Ocultas durante más de un siglo, las «estrellas oscuras» de Michell emergían de nuevo en las ecuaciones de Schwarzschild.

Todavía habrían de pasar un par de décadas para que otro físico, en este caso el estadounidense J. Robert Oppenheimer, publicara en 1939 un artículo mostrando que era físicamente posible que un colapso gravitatorio de una estrella diera como resultado un agujero negro. Sugirió también que, desde el punto de vista de un observador externo, la implosión estelar parece detenerse en el horizonte, mientras que para un observador situado en la superficie de la estrella no se detendría.

Einstein se equivocaba cuando decía que «Dios no juega a los dados con el universo». Considerando las hipótesis de los agujeros negros, Dios no solo juega a los dados con el universo: a veces los arroja donde no podemos verlos.

Stephen Hawking

A partir de ahí la investigación sobre los agujeros negros se interrumpió debido a que los principales científicos de entre los interesados en el tema, tanto estadounidenses (con Oppenheimer y, posteriormente, John A. Wheeler como responsable de su diseño y simulación en ordenadores) como rusos (con Yakov Zeldóvich como director teórico) se vieron involucrados en el desarrollo de la bomba atómica.

Las cosas empezaron a cambiar unos años más tarde: en 1958 Wheeler abrazó el concepto de la posible implosión de una estrella y se convirtió en el gran defensor de la noción de agujero negro. En 1959, su grupo de investigación planteó que el interior del agujero negro está gobernado por las leyes de la gravedad cuántica, teoría que pretende combinar las leyes de la mecánica cuántica con la teoría gravitatoria. En el año 1961, Zeldóvich reclutó a Igor Novikov y creó un grupo de investigación en astrofísica y relatividad general. Y así hasta que, en 1964, comenzó la época dorada de la investigación teórica en agujeros negros, con la participación de algunos de los grandes nombres de la física: Penrose, Hawking, Novikov, Carter, Rees, por citar algunos. Sus repercusiones llegaron incluso hasta la ciencia ficción: así, en un episodio de *Star Trek* emitido en enero de 1967, la nave *Enterprise* a punto está de caer en el pozo gravitatorio de una «estrella negra». Ese año acabó siendo clave para nuestros protagonistas porque unos meses después Wheeler acuñó un término que haría

JOHN WHEELER

John Archibald Wheeler (1911-2008) fue el físico teórico estadounidense al que debemos el término *agujero negro*, que adoptó por primera vez en 1967 durante una conferencia en Nueva York. Él es también el creador del término *agujero de gusano*. Wheeler era un estudiante superdotado: con solo dieciséis años comenzó sus estudios de ingeniería, y con veintitrés ya se doctoró. A lo largo de su carrera trabajó con científicos del prestigio de Einstein y Bohr. Del primero heredó el afán por encontrar la teoría del todo, capaz de explicar la unificación de las cuatro fuerzas físicas de la naturaleza. Ello le llevó a involucrarse en estudios sobre gravedad cuántica, de los que fue pionero y que le acompañaron hasta el final de su existencia. Como muchos otros científicos muy relevantes de la primera mitad del siglo xx, interrumpió su carrera durante la Segunda Guerra Mundial para participar en el desarrollo de la bomba atómica dentro del denominado Proyecto Manhattan.

En Princeton

En 1936 Wheeler obtuvo una plaza de profesor en la Universidad de Princeton. Durante sus primeros años se dedicó al estudio de la denominada *matriz-S*, que relaciona los estados iniciales y finales de un proceso de interacción entre partículas. Tras la guerra, volvió a su cátedra en Princeton y comenzó impartiendo un curso sobre la gravitación de Einstein. Inicialmente no se sentía cómodo con la idea de la existencia de una singularidad como etapa final de la vida de un objeto supermasivo. Sin embargo, con el tiempo quedó convencido de la existencia de los agujeros negros. Wheeler participó activamente en la denominada «Edad de Oro» de la relatividad general, donde los grupos de Yakov Zeldóvich en Moscú, Dennis Sciama en Cambridge y del mismo Wheeler compitieron (y de alguna manera, colaboraron) por la inclusión definitiva de la relatividad general en el marco de la física teórica.

La teoría de campos

En los últimos años de su carrera, ya como profesor emérito, Wheeler se implicó decididamente en la denominada *teoría de campos*. De acuerdo con Wheeler, el universo y las partículas eran manifestaciones de los campos electromagnético y gravitatorio en el espacio-tiempo. Todo era información

Un único fotón emitido desde un quásar sigue dos rutas hacia la Tierra al mismo tiempo, convertido, por así decirlo, en dos fotones de realidades paralelas. Las trayectorias divergentes se vuelven convergentes al ser distorsionadas por la gravedad de dos galaxias, y los fotones llegan juntos a la Tierra, donde la observación de su llegada determina hoy el camino que emprendió el fotón en el pasado.

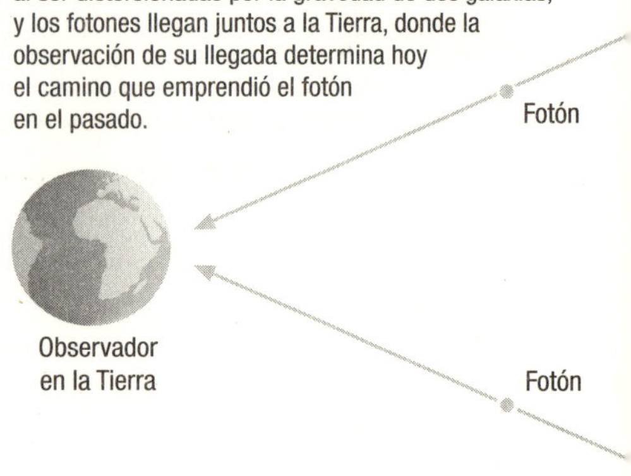

en su origen. Especuló incluso con la idea de que la realidad la crean los observadores en el universo. Según este chocante concepto, ilustrado en la figura y para el que propuso un experimento, podría darse el caso de que un único fotón emitido desde un quásar lejano siguiera dos caminos hacia la Tierra al mismo tiempo, convertido, por así decirlo, en dos fotones de realidades paralelas. Estos dos fotones, o en cierto modo uno solo, siguen trayectorias que los separan muchos años-luz. La gravedad de dos galaxias masivas cambia sus rutas acercándolos progresivamente el uno al otro y finalmente llegan juntos a la Tierra. Según este extraño concepto, la observación hecha en este caso desde la Tierra decidiría hoy el camino que habría emprendido el fotón miles de millones de años atrás. La realidad observada la crearía el observador. Otro concepto exótico impulsado por Wheeler fue el de la *espuma cuántica*, cuyo nombre también lo acuñó él. Según este concepto, a una escala lo bastante pequeña del espacio-tiempo, no solo se crean y se destruyen partículas incesantemente, como burbujas en espuma de jabón, sino que además el propio espacio-tiempo fluctúa, como parte de esa espuma. En tan singular escenario, incluso sería posible la creación fugaz de «túneles» de tamaño subatómico que conectaran puntos distintos del espacio y hasta del tiempo; dichos túneles se conocen con el nombre de *agujeros de gusano*.

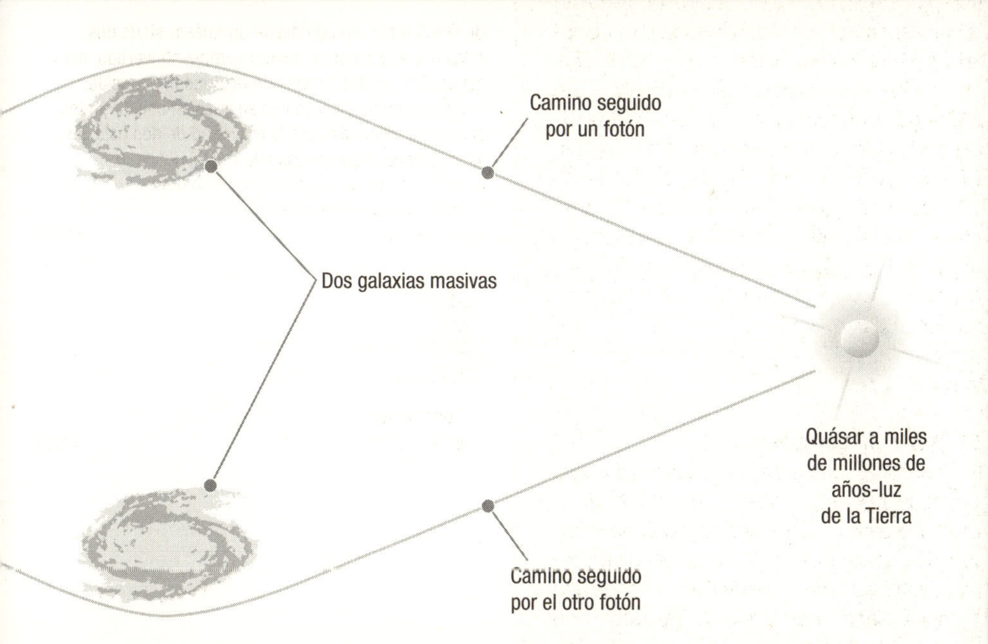

fortuna: «agujero negro». Él mismo reconoció que se había tratado de una innovación «trivial en lo terminológico pero poderosa en lo psicológico». Más y más físicos empezaron a mostrar interés por estos objetos singulares y su «geometría», es decir, sus características espaciales fundamentales. Por otro lado, a partir de la década de 1970, las observaciones astronómicas (de rayos X, de radio, con detectores de ondas gravitatorias) comenzaron a aportar pruebas de que los agujeros negros existían en la naturaleza.

LA GEOMETRÍA DE UN AGUJERO NEGRO

Consideremos un agujero negro y materia orbitando en torno a él. Conforme esta se va acercando al agujero negro aumenta la atracción gravitatoria, y la materia necesita una velocidad mayor para mantenerse en una órbita estable sin ser atrapada por el objeto central. Llegará un momento en que la materia necesitará viajar a la velocidad de la luz para no ser engullida por el agujero negro. Esta sería la última órbita estable del material atraído por el agujero negro, que dibujaría una especie de «última frontera» conocida como *horizonte de sucesos* del agujero negro. Cualquier partícula que superara esta frontera sería atrapada.

El horizonte de sucesos también puede pensarse desde la perspectiva no de un objeto que cae hacia el agujero negro sino desde la de otro que intenta salir de él; en este caso, la frontera corresponde a la luz que, procedente de la estrella, no consigue partir al infinito y permanece allí detenida. Para el caso de un agujero negro estático (los hay rotantes, como veremos) esta frontera se conoce también como *radio de Schwarzschild* o *radio gravitatorio* y se expresa como:

$$r_s = \frac{2GM}{c^2},$$

donde M es la masa del objeto y c, la velocidad de la luz. Con esta expresión, que es válida para todo agujero negro estático y de

FIG. 1

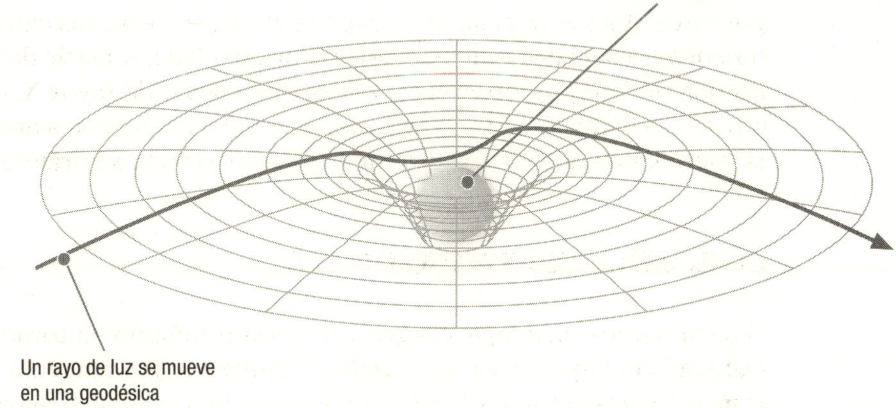

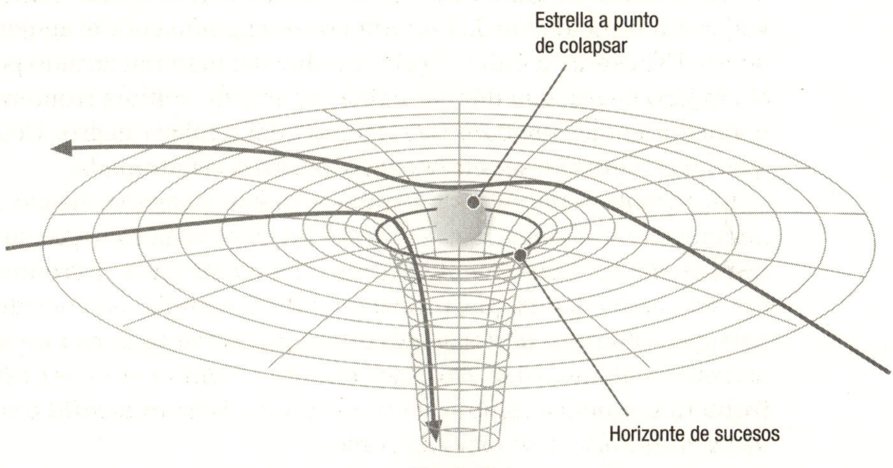

La gravedad no es otra cosa que la curvatura del espacio-tiempo. Un objeto masivo, como la estrella del dibujo superior, curva el espacio-tiempo, lo que a su vez determina el movimiento de la luz y de otros objetos cercanos, que describen curvas llamadas *geodésicas*. Los agujeros negros, como se aprecia en el dibujo inferior, son regiones del espacio-tiempo donde, rebasado un cierto horizonte de sucesos, la curvatura es tal que ni siquiera la luz puede escapar. En el centro de este campo gravitatorio anida el corazón del agujero negro: la singularidad.

simetría esférica, también llamado *agujero negro de Schwarzschild*, se calculan los radios de los agujeros negros imaginarios con masas equivalentes a la Tierra y al Sol que hemos citado antes.

Cuando la masa o la luz atraviesan el horizonte de sucesos son atraídos hacia la región central del agujero negro, la *singularidad* (figura 1). Toda la masa del objeto original se concentra en esa región. Podemos imaginar el agujero negro como una especie de embudo, a través del cual la materia se precipita hacia su interior. La curvatura del agujero negro se iría incrementando hasta el extremo de que en su región más interna dicha curvatura se haría infinita. Allí todo se hace matemáticamente infinito: no solo la curvatura del espacio-tiempo, sino también la densidad de la materia, así como en consecuencia la gravedad.

Cualquier objeto cuyo destino fuera caer dentro de un agujero negro acabaría aplastado en la singularidad hasta alcanzar una densidad infinita. Antes que eso, sin embargo, tendría la dudosa suerte de ser víctima de las *fuerzas de marea*, resultado de la diferente atracción gravitatoria experimentada por distintas partes del objeto conforme se aproxima al horizonte de sucesos. Las consecuencias que este proceso tendría sobre el objeto han sido bautizadas por los astrofísicos con un término muy descriptivo: *espaguetización*. De hecho, la transformación inducida por las fuerzas de marea es doble: por un lado, el objeto tendería a alargarse en la dirección radial, es decir, hacia el agujero negro, por la diferente atracción gravitatoria mencionada; por otro, tendería a afilarse en la dirección transversal hasta un tamaño nulo (figura 2). Como la curvatura es enorme cerca del horizonte, el objeto puede hacerse infinitamente largo sin sobresalir del horizonte de sucesos.

Los agujeros negros en rotación

En el caso de un agujero negro que, en lugar de ser estático, esté en rotación (llamado *agujero negro de Kerr*), su estruc-

FIG. 2

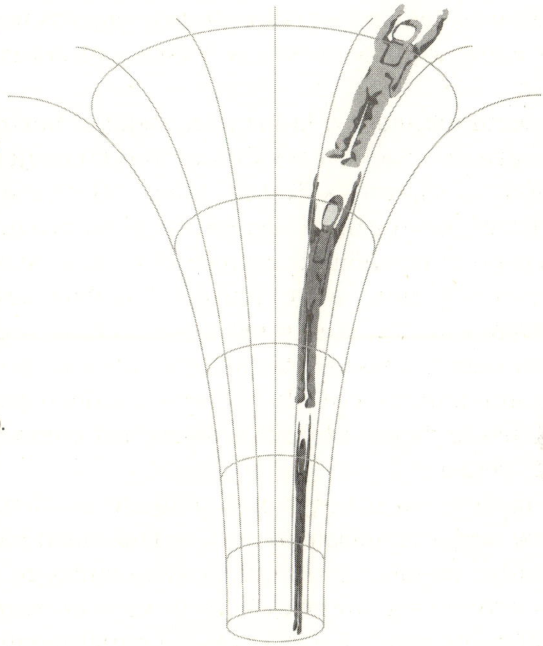

Sería fatal para un astronauta caer en un agujero negro formado por una estrella con una masa equivalente a varias veces la del Sol. A medida que se fuera acercando, iría adoptando una forma cada vez más larga y delgada, hasta que finalmente esta «espaguetización» acabaría destrozándolo.

FIG. 3

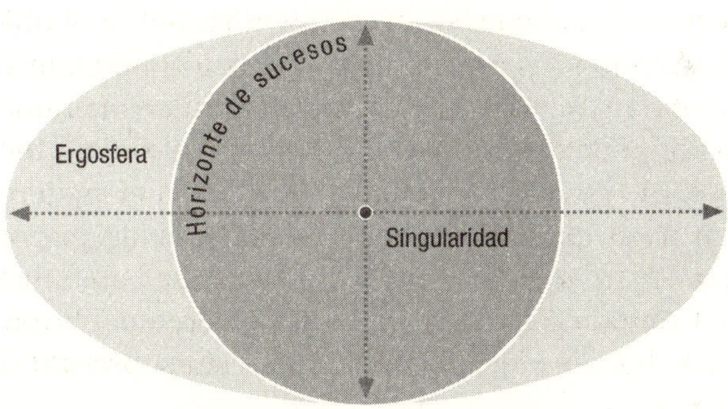

Estructura de un agujero negro en rotación. El eje mayor del elipsoide (situado en dirección perpendicular al eje de rotación) coincidiría con el radio de Schwarzschild, mientras que el eje menor (paralelo al eje de rotación) tendría un tamaño menor, como resultado de la rotación, que achataría la estructura del agujero negro. Este achatamiento está relacionado con una magnitud física llamada momento angular, de la que se hablará más adelante. El eje menor daría el tamaño del horizonte de sucesos.

tura tendría la forma de un elipsoide en lugar de una esfera debido al achatamiento producido por la rotación, tal y como sucede con la Tierra. En ese sentido, el horizonte de sucesos sería menor que para un agujero negro estático. El espacio extra que presenta el horizonte de sucesos en forma de elipsoide con respecto al esférico se conoce técnicamente como *ergosfera* del agujero negro (figura 3). La importancia de la ergosfera estriba en que, debido a que se encuentra fuera del horizonte de sucesos, la materia podría escaparse del tirón gravitatorio del agujero negro. Es decir, un objeto podría ganar energía cinética al entrar en el campo gravitatorio del agujero negro en rotación y ser capaz de escaparse llevándose consigo parte de la energía de este.

La rotación de un agujero negro también modifica el «valor» de la última órbita estable del material que está cayendo hacia él, de modo que se consiguen diferentes valores según la orientación relativa de la rotación del agujero negro y de la materia que cae. Cuando ambos rotan en la misma dirección, la materia puede aproximarse hasta distancias de un radio de Schwarzschild o R_{SCH} (el radio mayor del elipsoide), mientras que si lo hacen en sentido contrario, la última órbita estable se situará a una distancia aproximada de 10 R_{SCH} (véase la figura 4). De este modo, si se puede determinar experimentalmente el tamaño físico de la región emisora comparándolo con su radio gravitatorio, puede determinarse el sentido de la rotación del agujero negro.

Una característica muy importante de los agujeros negros, tal y como lo predice la relatividad general, es que su forma es independiente de la manera en que se formaron. En todo su proceso de creación solo se conserva información sobre tres de sus propiedades: la masa, el momento angular (en caso de que se encuentre en rotación) y la carga eléctrica (si está cargado). Técnicamente, a esta propiedad se le conoce como *teorema de la ausencia de pelo* del agujero negro (en realidad, deberíamos decir que tiene «tres pelos»: masa, momento angular y carga, pero si tenía una melena, ¡se ha perdido toda la información sobre ella!).

FIG. 4

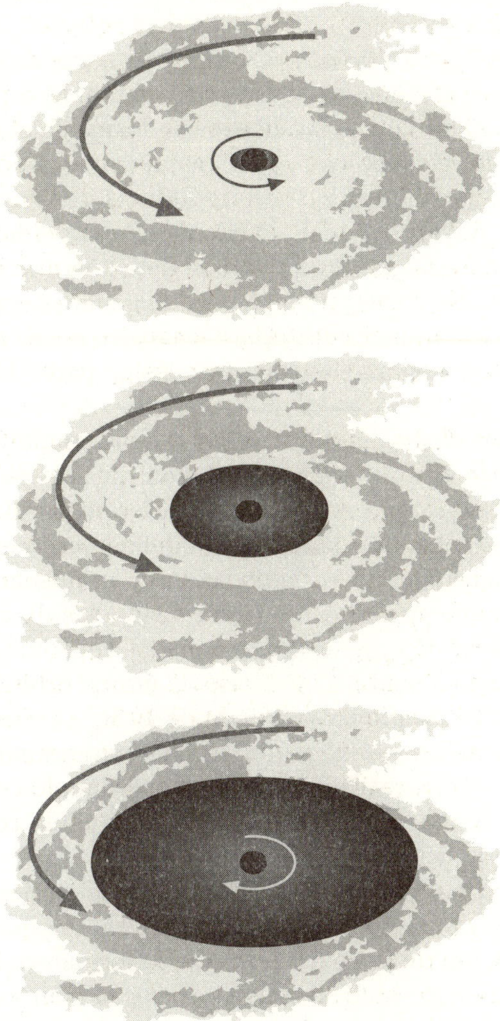

Determinación de la última órbita estable del material cayendo hacia el agujero negro en función de la orientación relativa de su rotación y la del agujero negro. Cuando ambas rotaciones tienen lugar en el mismo sentido (imagen superior), la última órbita estable coincide con el radio de Schwarzschild. En el centro, se muestra el caso de un agujero negro estático. Finalmente, la figura inferior muestra el caso de rotaciones en sentidos opuestos, con la consiguiente ampliación del horizonte de sucesos.

AGUJEROS NEGROS Y RELATIVIDAD

El principio de relatividad especial establece que la velocidad de la luz es constante en cualquier sistema de referencia, es decir, no depende de la velocidad del observador. Ello trae consigo consecuencias radicales: el espacio y el tiempo deben tratarse de forma conjunta, de modo que no hablamos ya de espacio y de tiempo, sino de una única entidad conocida como *espacio-tiempo*. Además, tanto el tiempo transcurrido entre dos sucesos como la longitud de un objeto en la dirección del observador dependen, ellos sí, de la velocidad del observador. Así, un reloj que se desplazara a una velocidad cercana a la de la luz con respecto a un sistema de referencia que consideremos en reposo (por ejemplo, el lector de este texto) se atrasaría con respecto a él, es decir, el tiempo medido por el reloj que se desplaza se iría ralentizando progresivamente con respecto al del sistema en reposo. Estos efectos de dilatación del tiempo y de contracción de la longitud únicamente son importantes en el caso de velocidades relativas cercanas a las de la luz. Es decir, no tienen efectos significativos en nuestra vida cotidiana.

Si la relatividad especial trastocó la idea de un tiempo absoluto, la relatividad general, por su parte, cambió nuestras nociones acerca de la gravitación. En la física newtoniana clásica, la gravitación consistía en la atracción entre los cuerpos que tienen masa de acuerdo con la ley de la gravitación universal. En la física relativista, la gravitación es efecto de la deformación o curvatura del espacio-tiempo producida por la masa de los objetos; un agujero negro, por ejemplo, curva el espacio-tiempo. Un objeto que, por esa razón, cayera hacia él libremente describiría una trayectoria llamada *geodésica*. Las geodésicas son, por tanto, las curvas descritas por cuerpos en caída libre y son esenciales para estudiar la estructura del espacio-tiempo.

Según hemos indicado, como consecuencia de los principios relativistas la presencia de masa cambia el modo en que transcurre el tiempo. Para un observador que está muy cerca de la superficie de un objeto masivo, donde la gravedad es más intensa, el tiempo transcurre mucho más lentamente que para un observador muy alejado del objeto. Llegará un momento, muy cerca del agujero negro, donde la materia que cae hacia él alcanzará casi la velocidad de la luz y el tiempo se ralentizará hasta detenerse. Aunque para un observador alejado del agujero negro ha transcurrido un tiempo infinito, para la materia que cae solo «ha transcurrido» un tiempo finito; corto incluso.

¿Cómo debe entenderse esta noción de «tiempo infinito»? Para un observador externo la materia quedaría para siempre suspendida en el horizonte de sucesos. La propia materia, sin embargo, en un intervalo temporal pequeño y medible atravesaría el horizonte de sucesos y descendería hacia la singularidad central.

Lo que allí pueda acontecer es un auténtico misterio. En la vecindad de la singularidad se mezclan las leyes de la mecánica cuántica con la gravedad de Einstein, y lo hacen de una manera desconocida a día de hoy. La denominada *teoría cuántica de la gravedad* está todavía en desarrollo.

TOMÁNDOLE LA TEMPERATURA A UN AGUJERO NEGRO

¿Qué propiedades físicas tiene un agujero negro? Para poder caracterizar tanto su interior como su singularidad es necesario recurrir a sus propiedades microscópicas y, por lo tanto, a la mecánica cuántica. En estos temas la contribución de uno de los grandes físicos de nuestro tiempo, Stephen Hawking, fue fundamental.

Hawking predijo en 1974 que los agujeros negros emiten radiación térmica y que dicha radiación era tanto mayor cuanto menor fuera su masa y, por lo tanto, su tamaño. Así, un agujero negro con la masa del Sol tendría una temperatura de radiación de 0,0000004 K (0 °C corresponden a 273 K); si tuviera la masa de la Tierra, sería de 0,1 K.

Consideremos dos casos extremos: un agujero negro de una masa de mil millones de soles, como los que parecen ser el motor central de las galaxias, tendría una temperatura de 10^{-16} K; sin embargo, un agujero negro con una masa de 10^{18} kg (por ejemplo, la masa de una montaña), la tendría de 7000 K. Teniendo en cuenta que su tamaño sería de 10^{-13} cm (el tamaño de un protón, una de las partículas fundamentales que forman los núcleos atómicos), podría decirse que un agujero negro así es una estrella en miniatura.

¿A qué se podría deber esta temperatura? ¿Acaso no es cierto que nada, absolutamente nada, puede escapar de un agujero negro? Este tipo de situaciones contrarias a la intuición son típicas de la física cuántica, y no es de extrañar que hallemos en ella la respuesta a este particular enigma. Uno de los principios rectores de la teoría cuántica es el principio de incertidumbre de Heisenberg, que indica que dos propiedades relacionadas de un objeto no se pueden medir simultáneamente de forma precisa. Según este principio, es imposible conocer con total precisión e instantáneamente la energía de un sistema cuántico, ya que energía y tiempo son magnitudes vinculadas entre sí. Ahora bien, si el vacío interestelar lo fuera completa y rigurosamente, los campos cuánticos tendrían en él un valor constante para su energía y, por lo tanto, conoceríamos su valor en cualquier instante de tiempo. Como ello contradiría el principio de Heisenberg, debemos concluir que donde había vacío tiene que surgir algo que permita a los campos cuánticos comportarse como los niños traviesos e inconstantes que son. Ese «algo» son pares de partículas que se generan y son nuevamente absorbidas por el vacío casi al instante; por ejemplo, un electrón y un positrón, que son partículas idénticas pero con cargas eléctricas opuestas (estas partículas suelen llamarse «virtuales» debido a que su cortísima vida impide observarlas directamente). En cierto modo, es como si estas partículas tomaran «prestada» una energía para poder formarse, pero la devolvieran de forma inmediata cuando el vacío las reabsorbe.

Ahí es donde Hawking hizo otra aportación genial. Imaginemos que estas fluctuaciones del vacío se dan justo en el límite del horizonte de sucesos. Como la atracción gravitatoria en ese punto es tan brutal, podría suceder que, antes de ser reabsorbida, una de las partículas fuera atraída por el agujero negro y cayera dentro de él, mientras que su compañera, en cambio, escapara. Para un observador externo estaría saliendo energía del agujero en forma de partículas. Por tanto, habría que concluir que, de la pareja de partículas virtuales inicial, la partícula

FIG. 5

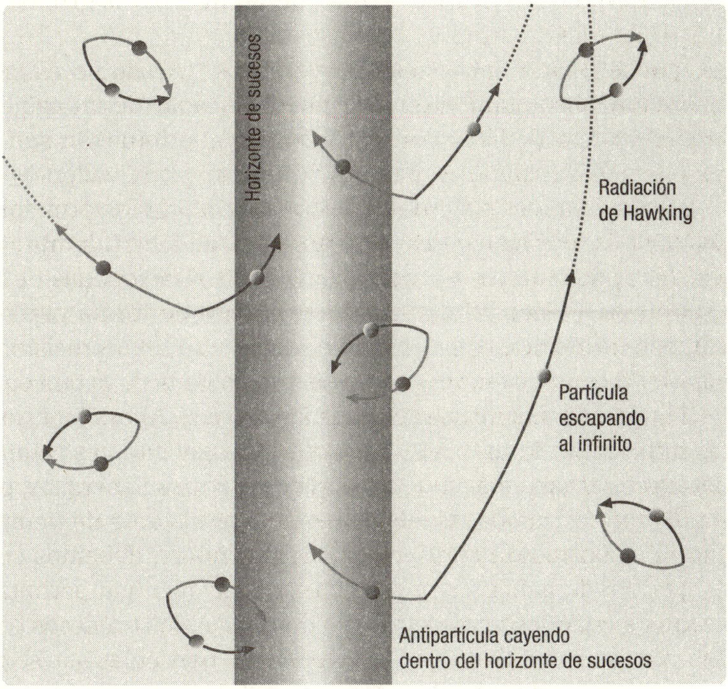

En el vacío interestelar aparecen pares virtuales de partículas y antipartículas que se autodestruyen rápidamente. Puede darse el caso de que la antipartícula de uno de esos pares caiga dentro del horizonte de sucesos, lo que conllevaría, dada su energía negativa, que el agujero negro perdiera masa. Por su parte, la partícula, situada al otro lado del horizonte de sucesos, escaparía al infinito y sería registrada como radiación de Hawking.

que escapa se lleva energía positiva y la que cae al agujero lo hace con energía negativa; de otro modo, no se conservaría la energía. En resumen, el agujero está cediendo energía a las partículas emitidas. A causa de ello, el agujero negro perdería masa y, por lo tanto, disminuiría su tamaño hasta desaparecer. A este proceso hipotético se le conoce como *evaporación* de un agujero negro, y a la energía emitida, responsable de la temperatura de la que hablábamos al principio del apartado, *radiación de Hawking* (figura 5).

CAYENDO EN UN AGUJERO NEGRO

Un intrépido astronauta de nuestra tripulación se ha ofrecido voluntario para lanzarse a un agujero negro. Nosotros, menos intrépidos, nos hemos excusado en la necesidad de registrar lo ocurrido y nos quedamos en la nave, detenida a una distancia prudencial. Sabemos que en las proximidades del agujero negro tanto el tiempo como el espacio se comportan de forma, digamos, especial, aunque eso sí, perfectamente predecible gracias al genio de Albert Einstein. Así que, prevenidos de este comportamiento, hemos dotado al astronauta de un reloj de pulsera que podemos monitorizar desde la nave.

Sincronía temporal

Tras la partida del astronauta, los primeros minutos transcurren con normalidad. La hora que marca su reloj de pulsera coincide con la del reloj de la nave. A esta distancia del agujero negro, no hay distorsión sensible del espacio-tiempo (figura 1).

Dilatación del tiempo

A medida que el astronauta se acerca al agujero negro, empiezan a observarse fenómenos físicos extremos. Para empezar, su color tiende al rojo, dado que la luz que nos llega de él pierde energía a causa de su lucha contra la gravedad. El reloj de pulsera empieza a discurrir más lentamente (figura 2). Si el agujero negro tuviera una masa pocas veces superior a la del Sol, el cuerpo del astronauta empezaría a experimentar los efectos terribles de las fuerzas de marea. Al tratarse de un agujero negro supermasivo, sin embargo, su pozo gravitatorio tiene una «pendiente» mucho más suave.

Tiempo infinito

En las inmediaciones del horizonte de sucesos, el astronauta, casi invisible a causa de la elongación de la onda lumínica que emite, se detiene justo antes de caer en el agujero negro, para permanecer allí eternamente. Su reloj de pulsera se detiene para siempre. O, al menos, eso es lo que observamos desde la nave (figura 3). Pero desde el punto de vista del astronauta, la situación es muy diferente: él ve el agujero negro abrirse a sus pies, rodeado de un halo de luz atrapada.

Más allá del horizonte de sucesos

Lo más probable es que el astronauta sea destruido al caer en la singularidad. Ahora bien, hay agujeros negros rotantes que podrían permitir, caso de aproximarse a ellos por uno de los polos, evitar ese destino. ¿Y entonces, qué? En 1935, Einstein escribió un artículo en colaboración con Nathan Rosen en el que mostró cómo la geometría espaciotemporal de un agujero negro hacía posible que estuviera conectado con una «apertura» situada en otro espacio-tiempo. Esa apertura tendría la forma de un «agujero blanco» a través del cual se expulsaría toda la materia absorbida por el agujero negro. Esta conexión se conoce como *agujero de gusano*, un término ideado nuevamente por John Wheeler. ¿Podría nuestro compañero emerger en otro universo? Tal vez, pero lo que es casi seguro es que no podría regresar del mismo modo. De una forma u otra, esto es un adiós.

FIG. 1 FIG. 2 FIG. 3

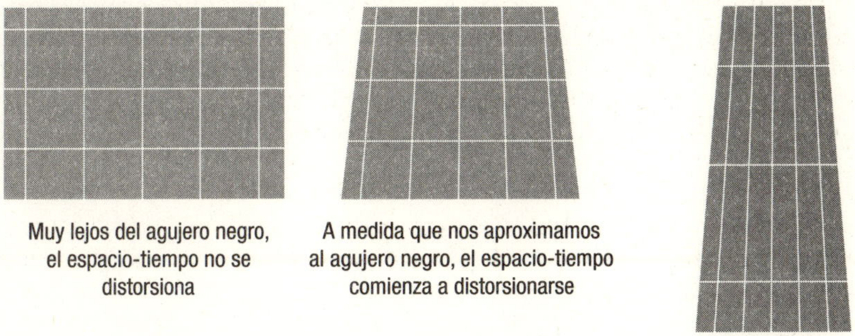

Muy lejos del agujero negro, el espacio-tiempo no se distorsiona

A medida que nos aproximamos al agujero negro, el espacio-tiempo comienza a distorsionarse

Cerca del horizonte de sucesos, el espacio-tiempo aparece distorsionado

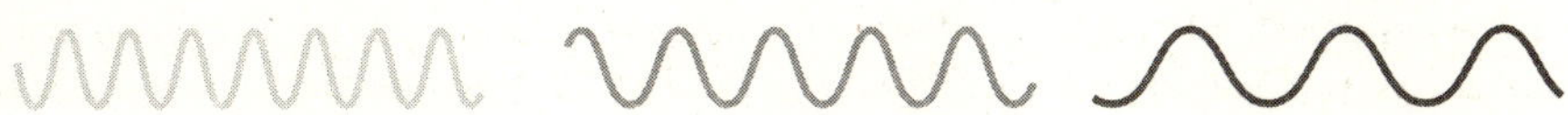

Las ondas luminosas que llegan del astronauta son normales

Las ondas luminosas empiezan a alargarse. La luz adopta un tono rojizo

Las ondas luminosas se alargan hasta la máxima longitud de onda para el rojo

El reloj de la nave y el del astronauta marcan la misma hora

El reloj del astronauta empieza a retrasarse con respecto al de la nave

En el horizonte de sucesos el reloj del astronauta se ha detenido

Recreación de un agujero negro masivo con un anillo de polvo rodeándolo, visto de perfil. Cuando desde la Tierra se observan agujeros negros con esta perspectiva, como es el caso del agujero en el sistema binario Swift J1357.2-0933 (cuyo otro componente es una estrella), algunos detalles son inaccesibles, pero a cambio es posible captar otros reveladores de su actividad. Por ejemplo, al poder observar de canto uno de estos discos, su giro hace que la materia de un extremo se acerque a nosotros, mientras que la del otro lado se aleja, como en un carrusel. Estos movimientos opuestos, que no percibiríamos si viéramos el disco desde «arriba», permiten extraer información analizando el espectro de la luz proyectada por la materia que se acerca o se aleja.

La evaporación conduce a que el agujero negro se vaya haciendo cada vez más pequeño, pero también más caliente. Además, la emisión de radiación irá creciendo progresivamente porque a las partículas les resultará más fácil poder escapar. Estos procesos de evaporación de los agujeros negros son muy lentos: la del agujero negro central de la galaxia o incluso la de un agujero negro con una masa idéntica a la del Sol requeriría un tiempo muy superior a los 13 800 millones de años de la edad del universo. Así que una evaporación tal no habría podido ser observada. Sin embargo, un agujero negro de la masa de una montaña tardaría en evaporarse un tiempo comparable a la edad del universo, por lo que, en principio, sería observable. Este hipotético agujero negro se haría cada vez menos masivo, más pequeño y más caliente, hasta ser tan compacto (de unos 10^{-33} cm, la que se denomina escala de Planck, con una masa de $2 \cdot 10^{-5}$ g) que la mecánica cuántica entraría en escena. De nuevo necesitaríamos esa teoría de la gravedad cuántica que aún no ha llegado a formularse de forma completa.

Los agujeros negros primordiales

Para que fuera observable en el momento presente la evaporación de un agujero negro, este debería tener una masa muy reducida y, además, haberse formado poco después del Big Bang. Por suerte, agujeros negros de este tipo, digamos «primordiales», podrían existir. Su origen no sería el colapso de una estrella sino las variaciones locales en la densidad, que era en general bastante uniforme, del universo primitivo. Estas fluctuaciones produjeron incrementos de la densidad aleatorios que, si en un instante dado superaban un valor crítico, producían un campo gravitatorio lo suficientemente intenso como para formar un agujero negro.

La masa de estos agujeros negros primordiales iba aumentando rápidamente con el tiempo. Así, 10^{-43} segundos después del Big Bang tenían una masa de 10^{-5} g, pero tan solo un segundo después de la explosión su masa sería ya de 10^5 masas solares.

Las masas de los agujeros negros formados durante la época de reionización (280 000 años después del Big Bang, que corresponde a una época posterior a la formación de las primeras galaxias) serían ya enormes, de 10^{15} masas solares.

Como ya hemos indicado, la temperatura del agujero negro es inversamente proporcional a su masa (conforme la masa aumenta, disminuye la temperatura), de modo que para los agujeros negros de 10^{-5} g sería elevadísima, de 10^{31} K; para los de 10^{15} g, de 10^{11} K, y para los de la masa del Sol, de 10^{-7} K. Sin embargo, el tiempo de vida media aumenta con la masa a la tercera potencia, de modo que para los de una masa de 10^{-5} g, ese tiempo de vida sería de 10^{-30} años; es decir, que se evaporan todos de manera instantánea (es por ello, incidentalmente, que los temores que en su día se vertieron sobre la posibilidad de la creación de agujeros negros microscópicos en el LHC, el acelerador de partículas situado cerca de Ginebra, eran infundados: dada su masa microscópica, estos agujeros negros artificiales se evaporarían instantáneamente sin producir catástrofe alguna). Para los agujeros negros de 10^{15} g (mil millones de toneladas) el tiempo medio de vida sería de unos 10 000 millones de años, y para los de la masa del Sol, de 10^{64} años, una edad muy superior a la edad del universo. En resumen: los agujeros negros primordiales de unos 10^{15} g se estarían evaporando actualmente.

Al evaporarse, estos agujeros negros primordiales deberían producir chorros de partículas muy similares a los que se encuentran en los grandes aceleradores de partículas. ¡Sería como un relámpago de luz! Sin embargo, no se ha detectado ningún agujero negro primordial en evaporación. Para empezar, la detección de estructuras tan minúsculas requeriría que estas emitieran energías monstruosas, de 10^{30} gigaelectronvoltios (GeV), muy superiores a las que se alcanzan en cualquier acelerador terrestre o cósmico (para hacernos una idea, en el LHC se alcanzan energías de alrededor de 7 000 GeV). Y en cuanto a la posibilidad de detectarlos por su temperatura, estamos hablando de un valor tan bajo, de una millonésima de grado por encima del cero absoluto, que queda enmascarada por la que nos llega de la radiación de fondo cósmica, cuyo valor es de 2,73 K.

STEPHEN HAWKING, UN COSMÓLOGO DE EXCEPCIÓN

A principios del siglo XXI, no existía científico más conocido y mediático que Stephen William Hawking. Aunque el suyo es un ejemplo asombroso de superación personal, sobreponiéndose a los daños de la esclerosis lateral amiotrófica (ELA) que padecía, Hawking ha sido también uno de los grandes físicos teóricos de las últimas décadas. Su carrera se centró en la cosmología, campo en el que abordó problemas como la física de los agujeros negros, el Big Bang, la teoría general de la relatividad y su relación con la mecánica cuántica. Hawking nació en 1942 en Oxford, donde en 1959 cursó estudios universitarios. En 1962 se mudó a Cambridge para llevar a cabo su tesis doctoral, y poco después le fue detectada su enfermedad. Tras un primer año de depresión, decidió reintegrarse al mundo de la investigación. Se doctoró en 1967 con un trabajo sobre la aplicación del marco de las singularidades espaciotemporales al origen del universo.

El señor de los agujeros negros

A lo largo de su carrera Hawking formuló una serie de postulados de importancia capital: en 1970 predijo que la superficie de un agujero negro nunca puede disminuir; en 1974 propuso que los agujeros negros podían emitir radiación, que pasó a ser conocida como *radiación de Hawking*; en 1983 propuso que antes del Big Bang el tiempo no existía y que, por lo tanto, el concepto de «comienzo del universo» carecía de sentido; en la década de 1990 estuvo trabajando sobre la paradoja de la pérdida de información cuántica en los agujeros negros. Consideraba que la información arrastrada por la radiación de Hawking era «nueva», en el sentido de que no decía nada de la historia pasada del agujero negro. En 2004 se autoinculpó del error en el tema de la pérdida de información cuántica, y en 2014 lo calificó como el mayor resbalón de su carrera.

Primero fue el universo y luego, su origen

En 2006, junto con Thomas Hertog, Hawking propuso la denominada cosmología *top-down* (del inglés «de arriba abajo»), llamada así para diferenciarla de las cosmologías tradicionales, todas ellas del tipo *bottom-up* («de abajo arriba»). Las cosmologías *bottom-up* parten del Big Bang e intentan explicar cómo se ha llegado al estado presente del universo. La propuesta de Hawking y Hertog hace lo contrario: consideran como dado el universo presente y se preguntan qué características hubo de tener el momento inicial. Su objetivo declarado era construir una cosmología compatible con la teoría de cuerdas, en cuyo marco son posibles otros universos además del nuestro. La solución de Hawking y Hertog fue postular la existencia inicial de una multiplicidad de universos superpuestos, de entre los cuales el universo actual habría «seleccionado», retroactivamente, aquellos compatibles con nuestro presente. Los estados del universo descartados habrían desaparecido muy poco después del Big Bang. Esta «retrocausalidad», en virtud de la cual el pasado sería un efecto del presente y no al revés, es contraria a la intuición, y se reconoce en ella la radical originalidad que caracteriza el trabajo teórico de Hawking. Por último, no se puede olvidar su faceta divulgadora: no solo ha protagonizado innumerables programas televisivos, sino que sus libros, y en especial la *Historia del tiempo*, se cuentan entre los más vendidos de la historia en el ámbito de la divulgación científica. Hawking falleció en su casa de Cambrige el 14 de marzo de 2018.

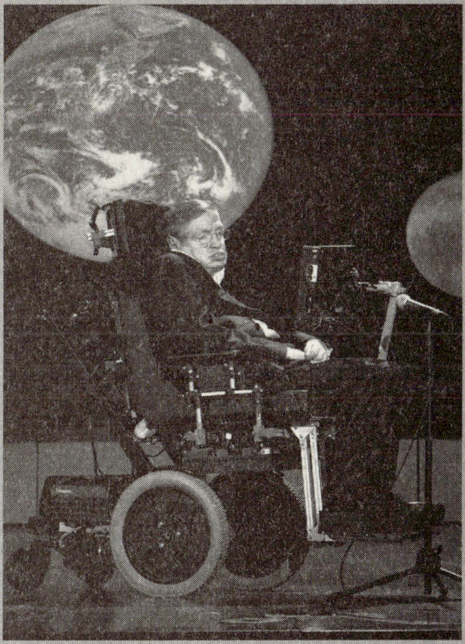

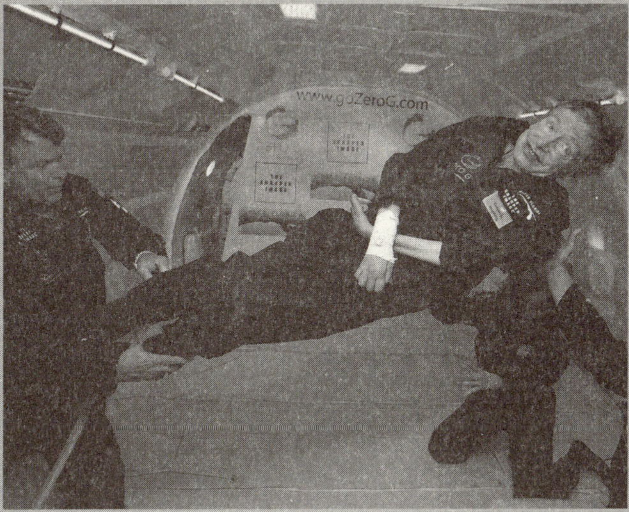

Arriba a la izquierda, Stephen Hawking y Jane Wilde el día de su boda, en julio de 1965. Para entonces, la enfermedad del científico ya se había manifestado. A la derecha, Hawking imparte una charla bajo el título «¿Por qué deberíamos ir al espacio?» dentro del ciclo de conferencias que en 2008 tuvieron lugar con motivo del 50º aniversario de la creación de la NASA. Abajo, Hawking en un experimento de ingravidez a bordo de un Boeing 727 modificado, propiedad de Zero Gravity Corporation (abril de 2007).

LOS AGUJEROS NEGROS Y LA ENTROPÍA

¿Qué es la entropía de un sistema? Se puede explicar por medio de un ejemplo ya clásico. Sea el sistema una caja llena de gas. El comportamiento de este sistema está definido por magnitudes observables tales como la temperatura, la presión y el volumen. Ahora bien, estas propiedades del gas pueden ser fruto de más de una ordenación posible de sus moléculas. Pues bien: cuantas más ordenaciones posibles haya, mayor será la entropía del sistema. Es decir, la entropía sería una medida del número de configuraciones de los elementos microscópicos de un sistema que pueden dar lugar a unos valores macroscópicos dados. En ese sentido, la entropía daría una medida del «desorden» del gas dentro de la caja.

La entropía mide también la falta de información acerca de un sistema. La entropía total aumenta con el tiempo, aunque en sistemas individuales que interaccionan con el medio, la entropía puede reducirse momentáneamente a costa de aumentar mucho la del medio.

Hay una serie de circunstancias que vinculan la superficie del agujero negro, es decir, su horizonte de sucesos, con la entropía. Partamos de la interpretación de la entropía como pérdida de información. En un agujero negro, toda la información sobre lo que sucede más allá del horizonte de sucesos se pierde. Por tanto, puede establecerse una analogía entre entropía y superficie del horizonte de sucesos (los agujeros negros serían así distintos a otros sistemas físicos: su entropía dependería de la superficie del horizonte de sucesos y no de su volumen). Otra analogía es que el horizonte de sucesos, como la entropía, tiende a aumentar con el tiempo: cuando un agujero negro engulle una partícula, su superficie aumenta; cuando se funden dos agujeros negros, la superficie del horizonte de sucesos del agujero negro resultante es mayor que la suma de las superficies de los agujeros negros individuales.

Partamos ahora de la interpretación de la entropía como medida de las posibles ordenaciones internas de un sistema. También en este caso pueden trazarse poderosas analogías con los agujeros negros. Tras el colapso gravitatorio, el agujero negro resultante tiende rápidamente a un estado estacionario caracterizado por solo tres parámetros: la masa, el momento angular y la carga eléctrica. Es decir, que un agujero negro no conserva ninguna otra información acerca del objeto que le dio origen, ya estuviera este compuesto de materia o antimateria, fuera de forma irregular o esférica, etcétera. En resumen, un agujero negro se podría haber formado a partir de muchísimas configuraciones diferentes (siempre que el resultado final tuviera los mismos valores para los tres parámetros indicados). Como ya hemos dicho, este fenómeno de pérdida radical de información se conoce como teorema de la ausencia de pelo del agujero negro.

Sin necesidad de entrar en detalles, en la física clásica la entropía de un agujero negro sería infinita; sin embargo, la mecánica cuántica indica que ese número de estados es muy grande, enorme, pero no infinito. Esta elevadísima entropía sería resultado de pasar de un objeto muy complejo, el objeto original, a otro tan «sencillo» que se caracteriza por solo tres parámetros físicos: el agujero negro resultante. La razón de esa entropía debería estar en la presencia de las partículas elementales, de los cuantos elementales, del espacio-tiempo, sean cuales sean. ¿Cuáles son estas partículas que se mueven de forma aleatoria y dan lugar al calor y la entropía del agujero negro? Sus propiedades térmicas dependerían de la gravedad y de la mecánica cuántica, por lo que nuevamente debemos detenernos en el umbral que nos separa de una teoría completa de la gravedad cuántica.

LA PARADOJA DE LA PÉRDIDA DE INFORMACIÓN

Este es un tema complejo pero apasionante. Todos los agujeros de igual masa, igual rotación y misma carga eléctrica son indistinguibles entre sí, como nos viene a decir el teorema de la ausencia de pelo. No podemos saber a partir de qué objeto ni a través de qué fenómeno se ha llegado a la situación del actual agujero negro. Desde la perspectiva de la física clásica todo ello no presenta mayor problema: la información al respecto estaría contenida en el interior del agujero negro, tras el horizonte de

EL MOMENTO ANGULAR

Es un concepto básico en física, y es importante tanto en la mecánica clásica como en la cuántica y la relativista, con diferentes matices en su definición. Normalmente se asocia a un cuerpo en rotación y caracteriza la resistencia que presenta un cuerpo a alterar su velocidad de rotación. El momento angular está asociado con las simetrías rotacionales que presenta un sistema físico. Un ejemplo tomado de la vida cotidiana lo tenemos en el patinaje artístico. Cuando una bailarina está girando sobre sí misma con los brazos extendidos y de repente los pega a su tronco, su velocidad de rotación aumenta. Su gran interés radica en el hecho de que, bajo ciertas condiciones, mantiene su valor constante con el tiempo. Es, de hecho, lo que sucede tras el colapso de una estrella.

Definición clásica

En su acepción clásica, el momento angular de un cuerpo que gira, por ejemplo, una estrella en rotación en torno a sí misma, viene dado por el producto de su masa (*M*) por el radio ($\vec{r}$) por su velocidad lineal de rotación ($\vec{v}$). En general, el vector momento angular $\vec{J}$ no tiene la dirección del eje de rotación; cuando coinciden se dice que el eje de rotación coincide con un eje principal de inercia. Cuando el sistema no es una esfera, en lugar de considerar la masa se habla de *momento de inercia*, que refleja la distribución de masa de un cuerpo cualquiera (o de un conjunto de partículas) con respecto al eje de giro. El momento angular depende de la geometría del cuerpo y de la posición del eje de giro, pero no depende para nada de las fuerzas que actúan sobre el objeto. El principio de conservación del momento angular afirma que si el momento generado por las fuerzas externas es cero (aunque las fuerzas no lo sean), el momento angular total permanece constante en el tiempo.

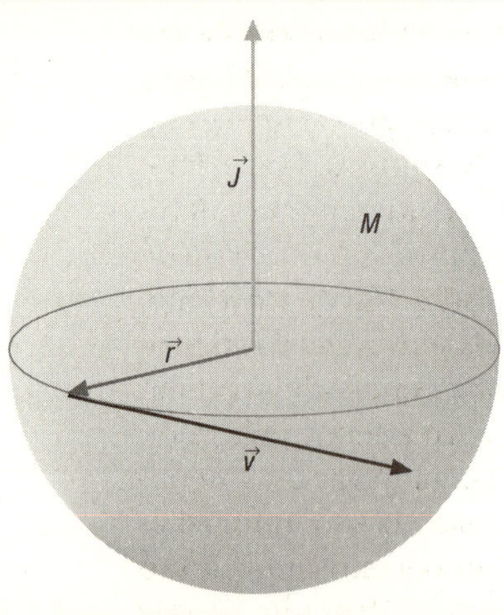

Técnicamente, el momento angular de una partícula es un vector y se define como el producto vectorial del vector posición $\vec{r}$ por el vector momento lineal $M\vec{v}$. Tiene una dirección perpendicular al plano formado por el vector de posición y el vector velocidad. Las partículas de un sólido rígido en rotación alrededor de un eje fijo, como sería el caso de una estrella esférica, describen circunferencias centradas en el eje de rotación con una velocidad que es proporcional al radio de la circunferencia que describen (todos los puntos tienen la misma velocidad angular, pero no la misma velocidad lineal).

sucesos. No podemos recuperarla pero podemos suponer que está ahí.

El problema viene cuando introducimos argumentos cuánticos y aceptamos que el agujero negro se evapora emitiendo radiación de Hawking. Si esperamos a la total evaporación del agujero y «rebobinamos» hacia atrás toda la radiación emitida, ¿acabaremos con el agujero negro inicial? Si seguimos rebobinando, ¿llegaremos al objeto original que formó el agujero? ¿Podríamos reconstruir su historia previa?

La mecánica cuántica exige que la respuesta sea un rotundo sí. La evolución de los sistemas tiene que ser de tal forma que podamos llegar a la situación inicial partiendo de la situación final completa. Es decir, de la radiación de Hawking completa de un agujero negro habría que poder llegar al objeto a partir del cual se formó dicho agujero. Sin embargo, nos topamos con dos problemas. El primero es que todos los agujeros negros de la misma masa, rotación y carga son, como hemos dicho, indistinguibles. El segundo problema es que la radiación de Hawking es de naturaleza térmica, lo que implica que es totalmente aleatoria. Por tanto, no podríamos saber de qué agujero viene.

Así pues, parece que los agujeros negros sí destruyen información (o al menos eso es lo que concluyó Hawking).

El problema de la pérdida de información en los agujeros negros es, a principios del siglo XXI, un campo de investigación muy activo. Hay dos grandes grupos de opinión: los que asumen que la información se destruye en el agujero y los que no. Los primeros sostienen que habría que redefinir la cuántica al completo, mientras que los segundos proponen mecanismos por medio de los cuales recuperar la información de la radiación de Hawking. Hace unos veinte años, Gerard 't Hooft y Leonard Susskind propusieron el principio de complementariedad, que indica que un observador que cayera hacia el agujero negro encontraría la información dentro del horizonte de sucesos, mientras que un observador exterior la vería salir. Y estas ideas no son contradictorias, porque ¡ambos observadores —interno y externo— no se comunican entre sí! Todavía no hay una solución aceptada por todos, pero gracias al problema se ha aprendido mucho acerca de la constitución del espacio-tiempo y se han propuesto interesantes teorías tales como la llamada *teoría holográfica*, que apunta a que los agujeros negros podrían preservar la información mediante la alteración de su horizonte de sucesos durante el proceso radiativo. Según esta teoría, el campo gravitatorio de las partículas que caen en el agujero negro podría deformar el horizonte de sucesos del agujero negro y este a su vez alterar a las partículas salientes, generando así una «sombra» de la cual se podría obtener información sobre las primeras. Esta solución teórica se denomina *holográfica* por plantear una solución similar en lo esencial a un holograma, es decir, una imagen en dos dimensiones que, no obstante, describe perfectamente un objeto tridimensional. En nuestro caso, el horizonte de sucesos sería la superficie bidimensional, y el objeto tridimensional descrito, el que diera origen al agujero negro. La teoría holográfica en su aplicación a la paradoja de la pérdida de información en un agujero negro fue propuesta y desarrollada por los físicos Gerard 't Hooft y Leonard Susskind, y es compatible con una de las más firmes candidatas a «teoría del todo»: la teoría de cuerdas. Esta teoría supone que los elementos fundamentales de la naturaleza son objetos unidimensionales o «cuerdas», y las partículas elementales, diferentes oscilaciones de esas cuerdas.

El físico argentino Juan Maldacena supo encontrar en 1997 una formulación matemática para los principios generales tras el principio holográfico, y fue a raíz de este hallazgo que Hawking reconoció, en 2004, que seguramente se había equivocado en su apreciación inicial.

Irónicamente, poco después de este anuncio un grupo de físicos adujo que si se aceptaba que la información previa a la formación del agujero negro se conservaba, necesariamente había que admitir que bien la teoría cuántica bien la relatividad general contenían algún error fundamental. Esta conjetura fue bautizada en su día como «la paradoja del cortafuego». ¿Se había precipitado Hawking en conceder la derrota? El último episodio de este apasionante debate lo escribieron dos antiguos conocidos, Maldacena y Susskind, que en 2013 publicaron un artículo en el que se proponía la posibilidad de que ambas partículas, la entrante y la saliente, estuvieran de hecho unidas por diminutos «agujeros de gusano» capaces de conectar regiones muy alejadas del espacio y el tiempo, y que de ese vínculo pudiera extraerse la ansiada información.

Tal grado de especulación denota la falta de un sustrato teórico sólido como el que podría ofrecer la ya comentada teoría cuántica de la gravedad. Pero si finalmente se encuentra este Santo Grial de la física, ¿quién puede asegurar que no tendrá deuda alguna con el problema de la pérdida de información de los agujeros negros?

CAPÍTULO 2

Los agujeros negros estelares

Cuando se contempla el firmamento en una noche estrellada se hace difícil imaginar que llegará un día en que algunas de las estrellas que vemos en él no solo dejarán de brillar, sino que además se convertirán en agujeros negros. En realidad, esa transformación es el final típico de las estrellas de mayor masa.

Buena parte de la diferencia entre un agujero negro y una estrella surge de una simple cuestión de densidad, con la gravedad enfrentada a fuerzas que se le oponen. La fuerza gravitatoria que ejerce un objeto dado depende de su masa y de su grado de compacidad. Así, una estrella como el Sol, con una masa de $2 \cdot 10^{30}$ kg y un radio de 696 000 km, ejerce una fuerza gravitatoria que permite mantener ligado al sistema solar, pero, tal como se ha comentado en el capítulo anterior, si su masa estuviera concentrada en tan solo 3 km (si su radio fuera 232 000 veces más pequeño que el que tiene en realidad), la fuerza de la gravedad sería tan monstruosa que se convertiría en un agujero negro.

La fuerza gravitatoria siempre encuentra una fuerza que es más preponderante o que incluso se opone a ella. En un átomo, los electrones, cargados negativamente, son atraídos por el núcleo atómico (formado por protones y neutrones), que se encuentra cargado positivamente. La fuerza *nuclear fuerte*, responsable de mantener unidos a los protones y los neutrones que coexisten en el núcleo atómico, es de hecho 10^{39} veces más intensa que la gravitatoria. Y únicamente en las grandes escalas, en las grandes distancias y en las estructuras del universo de gran tamaño, la gravedad puede competir en igualdad de condiciones, e incluso hacerse dominante y hasta puede que invencible. ¿Por qué sucede esto? A grandes escalas, las cargas positivas y negativas se cancelan entre sí de modo que las fuerzas eléctricas también tienden a cancelarse. Pero la gravedad nunca lo hace: conforme más masa disponible haya y más concentrada esté, mayor será el campo gravitatorio.

NACIMIENTO, APOGEO Y MUERTE DE UNA ESTRELLA POCO MASIVA

Después de que se hubieran sentado las bases teóricas sobre la existencia de los agujeros negros, había que iniciar su búsqueda y su captura observacional. Y las estrellas ofrecían un escenario interesante y único para tal fin.

Todas las estrellas siguen una trayectoria vital muy similar, que depende fundamentalmente de su masa. Se forman en grandes nubes de gas molecular, nubes densas y frías, en las que la gravedad se hace lo suficientemente intensa para que colapsen y se compacten, formando una protoestrella. Es posible estudiar las regiones de las galaxias donde se forman nuevas estrellas gracias a su emisión de gas molecular. El proceso de aumento de masa de una protoestrella tiene lugar mediante el denominado *disco de acreción* (o de *acrecimiento*), un disco de material que va alimentando al embrión estelar. A medida que este va evolucionando puede formar discos protoplanetarios, en los que se forman nuevos sistemas planetarios.

La diferencia básica entre un planeta y una estrella es que en el interior de la segunda se dan las condiciones de presión y temperatura adecuadas para que tengan lugar reacciones de fusión, que se detallan más adelante, y que tienen su origen en el núcleo de la estrella.

El gas más abundante en una estrella es el elemento más sencillo: el hidrógeno. En el Sol, una estrella poco masiva, hay un 73,46% de hidrógeno, un 24,85% de helio, un 0,77% de oxígeno, así como pequeñas cantidades de otros elementos. Todos ellos tienden a formar configuraciones cada vez más estables: los elementos ligeros tienden a fusionarse (procesos de fusión) para formar otros más pesados (el hidrógeno se fusiona para formar helio; el helio para formar carbono, y así sucesivamente). Estos procesos de fusión tienden a formar elementos cada vez más estables, como son el hierro, el cobalto y el níquel, que forman el núcleo de las estrellas más masivas.

El Sol se formó hace 4650 millones de años y tiene combustible para otros 5500 millones de años. En su interior los átomos de hidrógeno se fusionan entre sí formando helio; así se produce luz y calor, y la radiación que se origina ejerce una presión que tiende a expandir la estrella. Se podría decir que su tamaño resulta del equilibrio entre la gravedad, que tiende a compactarla, y la presión de radiación, que tiende a expandirla. Pero ¿cuánto tiempo durará esta situación?

Llegará un momento en que el Sol habrá agotado buena parte del hidrógeno de su núcleo y lo habrá transformado en helio. Disminuirá, por lo tanto, la presión de radiación y ya será incapaz de retener las capas superiores de la estrella. En consecuencia, la región central se contraerá por la fuerza de la gravedad y las capas más próximas se calentarán. La nueva ignición del hidrógeno remanente expulsará las capas exteriores, y el Sol se convertirá en una estrella gigante roja, con un tamaño superior al de la órbita de la Tierra. Cuando la región central alcance aproximadamente 100 millones de grados, el helio comenzará a fusionarse en carbono, mientras que alrededor del núcleo se seguirá transformando hidrógeno en helio. Con el tiempo también se agotará el helio del núcleo. Se iniciará una nueva expansión de las capas más externas del Sol, y las más internas se irán contrayendo, permitiendo que el helio se fusione en una nueva capa alrededor del núcleo más profundo de la estrella. Sin embargo, debido a su masa, el Sol no alcanzará las presiones y temperaturas suficientes para que el carbono u otros elementos se fusionen en elementos más pesados. Nos estamos acercando al final de su vida. El astro acabará hundiéndose por su propio peso y expulsando gran parte de su masa en lo que se conoce como *nebulosa planetaria*, quedando únicamente el núcleo, que se convertirá en un tipo de estrella denominada *enana blanca*, en cuyo interior ya no se producirán reacciones de fusión nuclear. Las enanas blancas tienen una masa similar a la del Sol, pero un tamaño unas mil veces inferior, un volumen un millón de veces menor y, por tanto, su densidad es un millón de veces mayor que la del Sol.

El límite de Chandrasekhar

La vida final de las estrellas de baja masa conduce a la formación de una enana blanca. ¿Por qué la estrella no llega a colapsar una vez que la presión de radiación —asociada con las reacciones termonucleares— no es capaz de contrarrestar la acción de la gravedad? La razón está relacionada con la mecánica cuántica: los electrones, protones y neutrones son un tipo de partículas que se conocen como *fermiones*, que tienen la propiedad de poseer un espín semientero. Se podría imaginar el espín de las partículas como si estas giraran en torno a sí mismas, con un giro tan especial que requeriría dos vueltas para recuperar su situación inicial. De acuerdo con la física cuántica, los fermiones no se pueden aproximar indefinidamente. Ello produce una presión, que contrarresta el efecto de la gravedad y que estabiliza la estructura. Esta presión se conoce como *presión de degeneración de los fermiones*. En el caso de las estrellas de tipo enana blanca, sería la *presión de degeneración de los electrones*. Muestra el rechazo que sienten los electrones a estar demasiado apretados. Se intuye fácilmente que si aumenta la masa de la estrella y se incrementa, por lo tanto, la fuerza de la gravedad, puede llegarse a una situación en la que la presión de degeneración electrónica no sea suficiente para contrarrestarla.

Fue el astrónomo indio Subrahmanyan Chandrasekhar quien demostró en 1930 que solo las estrellas de una masa igual o inferior a 1,4 veces la del Sol acaban convirtiéndose en enanas blancas; para estrellas con masa superior a ese valor, conocido como *límite de Chandrasekhar*, la resistencia de los electrones no sería suficiente para impedir el colapso gravitatorio.

PÚLSARES Y ESTRELLAS DE NEUTRONES

Chandrasekhar se tropezó con astrónomos reluctantes con la idea del límite de la masa de las estrellas enanas blancas. El razonamiento era que ese límite llevaría de manera natural a las estrellas con masa superior a 1,4 masas solares a la muerte estelar en forma de agujeros negros. Y la idea de los agujeros negros no les resultaba válida; no aceptaban la idea de una singularidad matemática. Por ello, buscaron explicaciones alternativas: en sus etapas finales, las estrellas debían de perder enormes cantidades de masa en forma de vientos estelares, de modo que esta se redujera hasta un valor inferior a 1,4 masas solares, afrontando una muerte dulce como enana blanca.

Sin embargo, la realidad era tozuda y apuntaba en otra dirección. En efecto, el proceso de implosión de las estrellas muy masivas una vez agotado su combustible nuclear no podía ser detenido por la presión de degeneración de los electrones, pero había otra fuerza que sí era capaz: era nuevamente la presión de degeneración, pero esta vez de los neutrones. Así, cuando las estrellas muy masivas colapsan, las capas más externas son expulsadas en una explosión de supernova. Son eventos muy energéticos, que enriquecen el medio interestelar de elementos metálicos que pueden dar lugar a la formación de nuevas generaciones de estrellas.

En las regiones más internas queda un remanente, la denominada *estrella de neutrones*. Se trata de un objeto extremadamente compacto, con una masa inferior a tres masas solares pero concentrada en un radio de entre 10 y 20 km. La física establece que durante el proceso de colapso deben conservarse dos magnitudes: el momento angular (que caracteriza la velocidad de rotación de la estrella) y el flujo magnético (que caracteriza la presencia de campos magnéticos en la estrella). Como consecuencia de estos procesos de conservación, la estrella de neutrones presenta una rotación muy rápida (hasta decenas o cientos de revoluciones por segundo, por lo que tiene periodos que van desde los milisegundos hasta los segundos) y está altamente magnetizada (el campo magnético es de aproximadamente 10^{13} gauss; por comparación, el campo magnético terrestre está

RECORRIDO POR LA VIDA DE UNA ESTRELLA

NACIMIENTOS

En grandes nubes de gas, los «grumos» provocan concentraciones, cada vez más densas por efecto de la gravedad. Si hay masa suficiente, de estas concentraciones o protoestrellas pueden nacer estrellas. Las hay de masa mediana como el Sol, otras con menos masa como las enanas rojas, y algunas más masivas que el Sol. Cuando la masa de esas concentraciones iniciales de gas es demasiado escasa, se pueden formar enanas marrones, astros que no son estrellas aunque su masa es mucho mayor que la de un planeta.

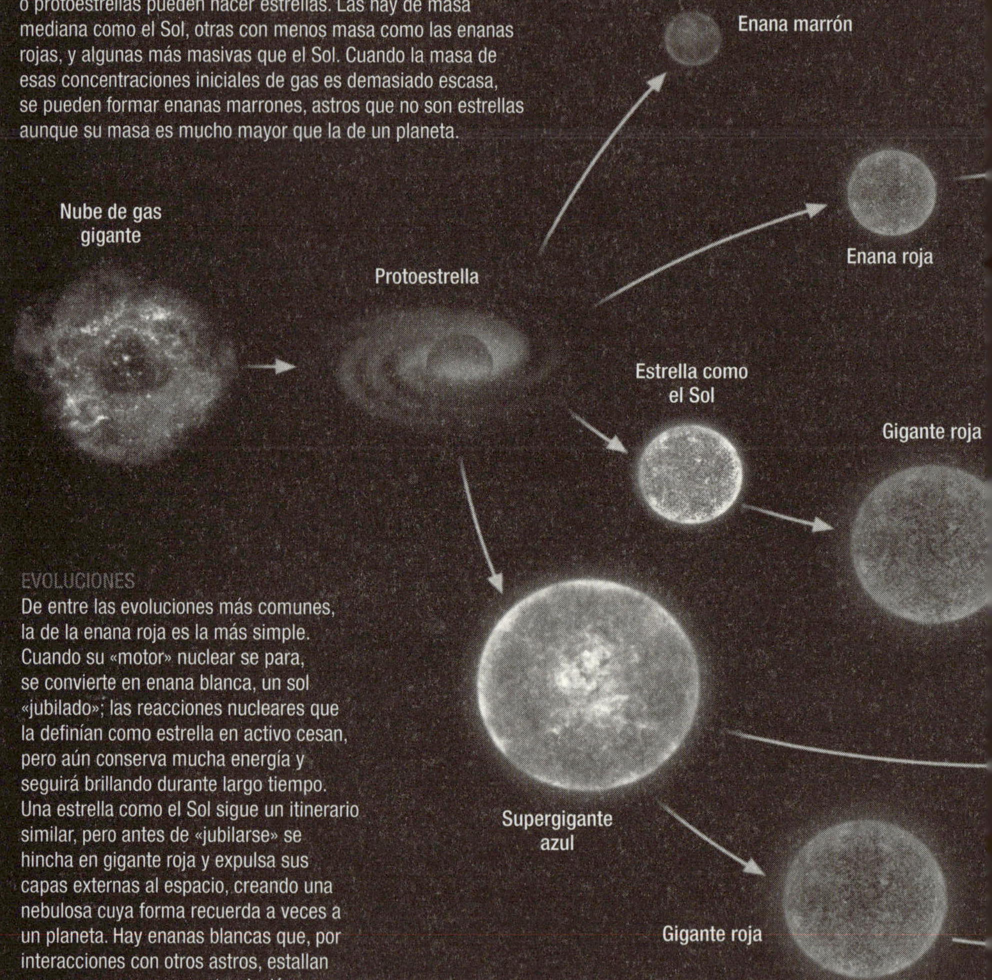

EVOLUCIONES

De entre las evoluciones más comunes, la de la enana roja es la más simple. Cuando su «motor» nuclear se para, se convierte en enana blanca, un sol «jubilado»; las reacciones nucleares que la definían como estrella en activo cesan, pero aún conserva mucha energía y seguirá brillando durante largo tiempo. Una estrella como el Sol sigue un itinerario similar, pero antes de «jubilarse» se hincha en gigante roja y expulsa sus capas externas al espacio, creando una nebulosa cuya forma recuerda a veces a un planeta. Hay enanas blancas que, por interacciones con otros astros, estallan en supernova o en nova (explosión no aniquiladora).

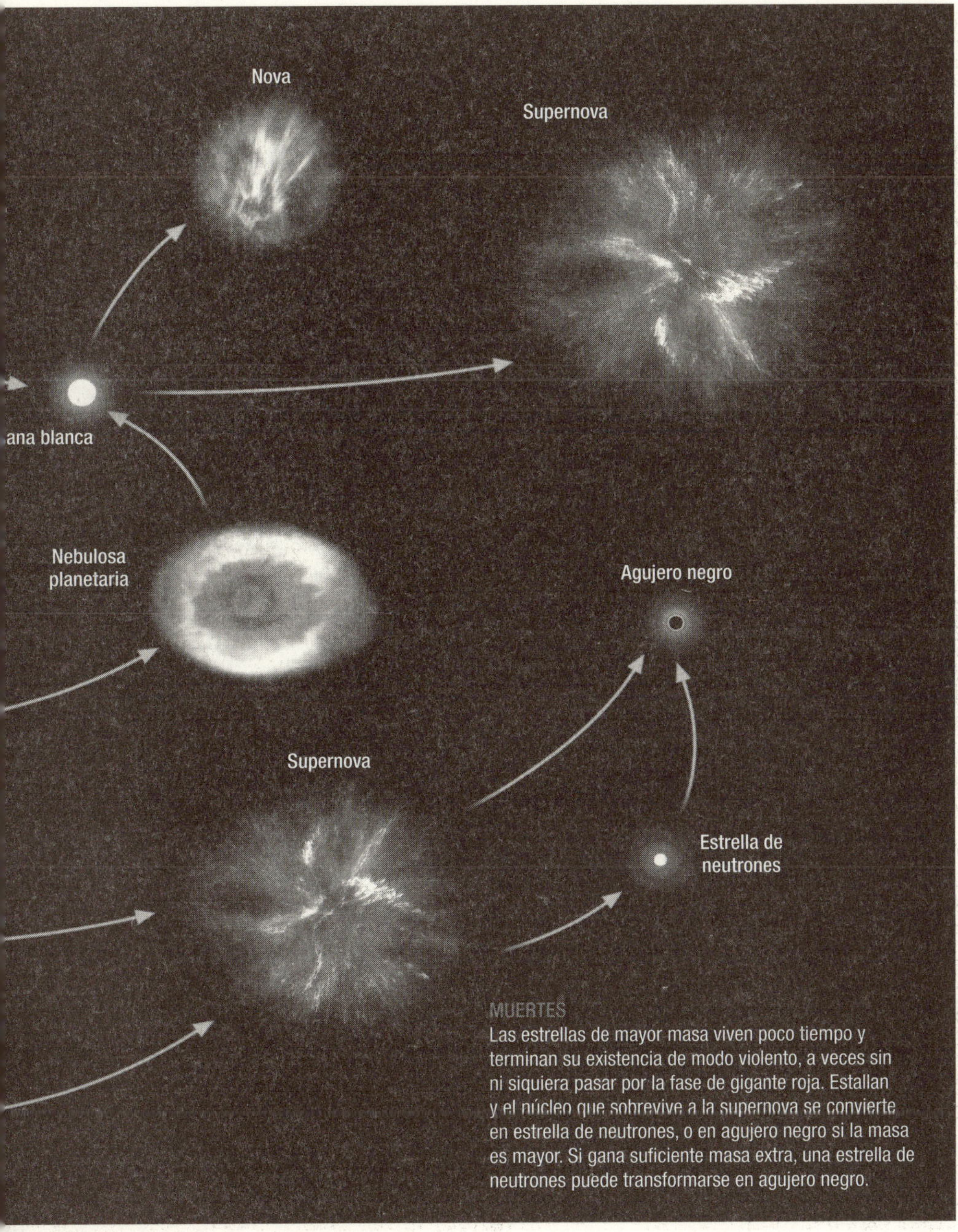

MUERTES
Las estrellas de mayor masa viven poco tiempo y terminan su existencia de modo violento, a veces sin ni siquiera pasar por la fase de gigante roja. Estallan y el núcleo que sobrevive a la supernova se convierte en estrella de neutrones, o en agujero negro si la masa es mayor. Si gana suficiente masa extra, una estrella de neutrones puede transformarse en agujero negro.

en torno a 0,5 gauss). Además, la fuerza de la gravedad sobre la superficie estelar es enorme: la aceleración gravitatoria, que en la superficie de la Tierra es de casi 10 m/s^2, alcanza en la estrella 2 billones de m/s^2, de modo que una piedra que cayera de una altura de 1 m, impactaría sobre su superficie a una velocidad de 1 800 km/s. Para realizar una descripción adecuada de la física en la vecindad de la superficie de una estrella de neutrones, se necesitaría recurrir a la relatividad general.

La presencia de un campo magnético enorme girando a velocidades altísimas hace que la estrella de neutrones se comporte como un faro: emite luz, pero lo hace concentrada en un chorro de radiación muy fino. Esto sucede porque a muy poca distancia de la superficie de la estrella, algunos electrones son arrancados y acelerados por el campo magnético, emitiendo radiación (fundamentalmente en forma de ondas de radio) en un haz o cono muy estrecho, cuya dirección viene determinada por el campo magnético. Este haz de ondas de radio se hace tanto más estrecho cuanto más energéticos sean los electrones. Así, cuando una estrella de neutrones presenta una orientación tal que el haz de luz apunta directamente hacia la Tierra, es posible detectar dicho pulso de luz, que se interrumpe mientras completa su rotación, tal y como sucede con un faro. Por lo tanto, una antena de ondas de radio situada en la Tierra recibiría pulsos de luz regulares con un periodo igual al de la rotación de la estrella de neutrones, motivo por el cual este tipo de estrellas de neutrones son llamadas *púlsares*.

Los púlsares tienen periodos extremadamente estables, por lo que se comportan como relojes de altísima precisión. En realidad se van frenando progresivamente (y su periodo va aumentando) porque parte de la energía de rotación se transforma en energía electromagnética. Lo que resulta fascinante es que la posición en el cielo de la estrella, su periodo y la ralentización del mismo se miden con una precisión sin equivalente en ninguna otra rama de la física. Por dar algunos números: los periodos de los púlsares se determinan con una precisión de attosegundos (1 attosegundo =10^{-18} segundos), y sus masas, con una precisión de la milésima de la masa solar aproximadamente.

SUBRAHMANYAN CHANDRASEKHAR

Chandrasekhar (1910-1995) nació en Lahore, India. En 1929 obtuvo su licenciatura en Física, y al año siguiente obtuvo una beca del Gobierno indio para trabajar en la Universidad de Cambridge. Durante el largo viaje en barco estuvo trabajando sobre el gas degenerado de electrones en las estrellas conocidas como *enanas blancas*. Ya en 1930 obtuvo el primer valor para la masa límite que deberían tener las estrellas para que la presión de degeneración de los electrones fuera capaz de evitar el colapso gravitatorio. Dedicó los primeros meses de su estancia en Inglaterra al cálculo de la opacidad estelar (la energía que la estrella absorbe), con el propósito de mejorar su determinación del valor de lo que, *a posteriori*, se conoció como *límite de Chandrasekhar*. Aprovechó su estancia en Cambridge para iniciar una larga lista de colaboraciones, en especial con Max Born y Niels Bohr. Obtuvo su tesis doctoral en 1933; en ella recogía sus principales resultados sobre la presión de degeneración de los electrones en estrellas autogravitatorias en rotación. En 1935 mantuvo un fuerte desencuentro con Arthur Eddington, quien ridiculizó la teoría de la masa límite de Chandrasekhar en una reunión científica mantenida en Londres. Ello molestó a Chandrasekhar, quien se planteó seriamente la posibilidad de abandonar Inglaterra. Así lo hizo en 1937, año en el que se mudó a la Universidad de Chicago y donde desarrolló el resto de su carrera científica.

Por fin el Nobel

La labor investigadora de Chandrasekhar abordó diferentes cuestiones, como la dinámica estelar, la estabilidad hidrodinámica e hidromagnética de estas estructuras, la teoría matemática de los agujeros negros y, en las etapas finales de su vida, la teoría de la colisión entre las ondas gravitatorias. Recibió el premio Nobel en el año 1983, compartido con William A. Fowler, por sus estudios sobre la estructura y evolución de las estrellas.

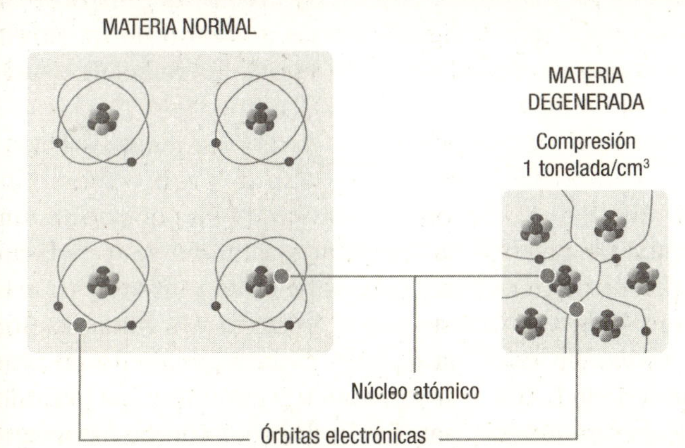

Paso del estado de la materia normal al de materia degenerada por la presión de los electrones. Este principio fue considerado por Chandrasekhar para explicar el límite de masa de 1,44 masas solares.

Es de rigor plantearse una pregunta: ¿todas las estrellas de neutrones son púlsares? Se sabe que todos los púlsares son estrellas de neutrones, pero no todas las estrellas de neutrones presentan emisión tipo púlsar. Puede ser por dos razones:

1. El haz a modo de foco de faro no está orientado hacia el observador y, por lo tanto, no se detecta.

2. La estrella de neutrones está envejecida, y el campo eléctrico no es lo suficientemente intenso para arrancar los electrones de la superficie de la estrella y generar la emisión.

La investigación en púlsares ha merecido el reconocimiento de dos premios Nobel a lo largo de los años. Anthony Hewish lo recibió en 1974 por su descubrimiento observacional, que realizó junto a su doctoranda Jocelyn Bell. En 1993, lo recibieron Alan Hulse y Joseph Taylor por el primer descubrimiento de un púlsar binario. Era el sistema PSR B1913+16, formado por dos estrellas de neutrones de 1,44 y 1,39 masas solares, y una de ellas caracterizada como un púlsar con un periodo de 59 milisegundos. Ambas estrellas forman un sistema unido gravitatoriamente, con una separación de 2 millones de kilómetros y un periodo orbital mutuo de 7,8 horas. Era un escenario perfecto para medir los efectos de la relatividad general y confirmarla como una descripción precisa de las interacciones en campos gravitatorios fuertes. Hulse y Taylor pudieron medir cómo la órbita común iba decayendo, hecho que achacaron a la emisión de ondas gravitatorias.

Los resultados de Hulse y Taylor fueron todavía mejorados por los que obtuvo el científico alemán Michael Kramer con sus colaboradores. En este caso, investigaron un púlsar doble, es decir, un sistema binario formado por dos púlsares. Este sistema se conoce como PSR J0737-3039 A/B y constituye uno de los mejores laboratorios de física fundamental existente en la naturaleza (figura 1). Está formado por dos púlsares en una órbita común, de modo que la luz emitida por cada uno de ellos atraviesa el campo gravitatorio de su púlsar compañero en su camino al ob-

FIG. 1

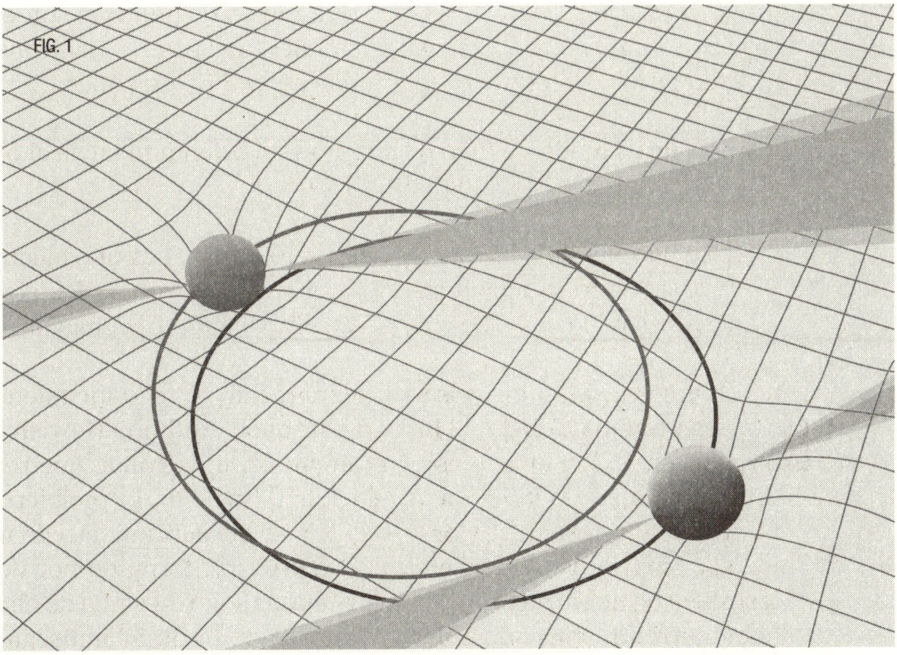

Recreación gráfica del púlsar doble PSR J0737-3039 A/B. La luz emitida por cada uno de los púlsares sufre variaciones en su tiempo de llegada al observador conforme va orbitando en torno al otro, debido a que en ciertas posiciones dicho pulso atraviesa el campo gravitatorio de su estrella compañera. Su órbita se ve alterada conforme a lo que cabría esperar según las leyes de Kepler, debido a los efectos predichos por la relatividad general.

servador en algunas posiciones de la órbita común. En estas posiciones, el espacio-tiempo se deforma y la luz tiene que recorrer un camino mayor antes de llegar a la Tierra, de modo que parece que el pulso de luz se retrase. ¡Es un objeto astronómico único!

Según lo dicho hasta ahora, estrellas con masas de hasta tres veces la masa del Sol son capaces de impedir el colapso gravitatorio gracias a la presión de degeneración de los neutrones. Pero ¿qué sucederá si las estrellas son más masivas? En ese caso no existirá una fuerza capaz de contrarrestar la enorme fuerza gravitatoria y se formará un agujero negro con una masa de varios soles y con un tamaño de varios kilómetros.

EXPLOSIONES DE SUPERNOVA

La mayoría de las supernovas, aquellas conocidas como *supernovas de colapso nuclear*, están producidas por el colapso gravitatorio de estrellas muy masivas, por encima de ocho veces la masa del Sol. A lo largo de su vida, mediante procesos de fusión nuclear, las estrellas van sintetizando elementos pesados a partir de otros más ligeros. Aquellos que se van generando se estructuran en forma de capas, de manera similar a una cebolla, de forma que los más pesados permanecen en las regiones más internas de la estrella, mientras que los más ligeros ocupan las más externas.

Todo en un segundo

De forma general, cuando en el núcleo de la estrella se va sintetizando hierro y su masa supera cierta cantidad, dejan de producirse reacciones de fusión nuclear. En dicho momento, ni la presión de radiación ni la degeneración de los electrones son capaces de aguantar el enorme peso de la estrella, produciéndose el colapso gravitatorio. En el proceso de caída libre, la densidad y la temperatura alcanzan valores enormes en el núcleo estelar. Todo el proceso de colapso se produce en un tiempo de un segundo aproximadamente, durante el cual se originan enormes cantidades de neutrinos (partículas elementales que se liberan cuando los protones capturan electrones en el proceso de colapso). Cuando la densidad del núcleo estelar se hace enorme, comparable a la densidad típica de un núcleo atómico, el colapso se frena bruscamente, formándose un núcleo estelar interno muy compacto y rígido. Cuando las capas más externas chocan con este núcleo rígido, rebotan de forma extremadamente violenta, barriendo todo el material estelar. Este proceso se produce en un tiempo de una milésima de segundo. Además, los neutrinos se escapan del núcleo de manera explosiva, llevándose consigo prácticamente toda la energía de la supernova (10^{53} ergios). De este modo, todo el material estelar es barrido, chocando con el material circumestelar y, más adelante, con el medio interestelar. En ese momento empiezan a formarse los elementos más pesados que el hierro. Por consiguiente, las supernovas son las responsables de la existencia en el medio interestelar de elementos pesados (en astrofísica, todos los que no son hidrógeno ni helio), que son necesarios para la existencia de vida en el universo.

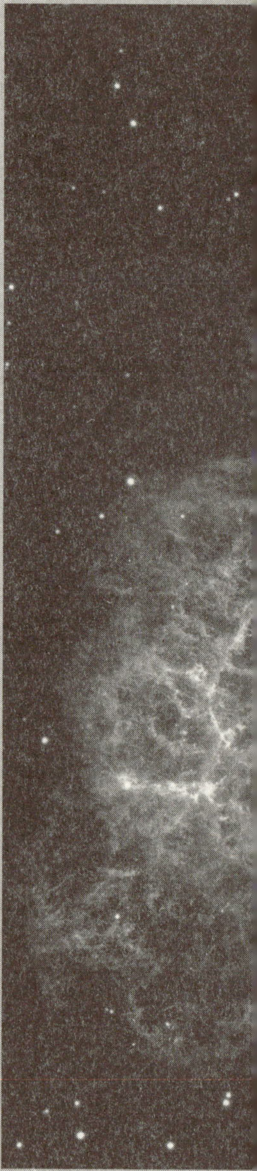

La nebulosa del Cangrejo es el resultado de la explosión de una supernova. En la fotografía se observa cómo las capas más externas envuelven el material filamentoso, resultado de la explosión.

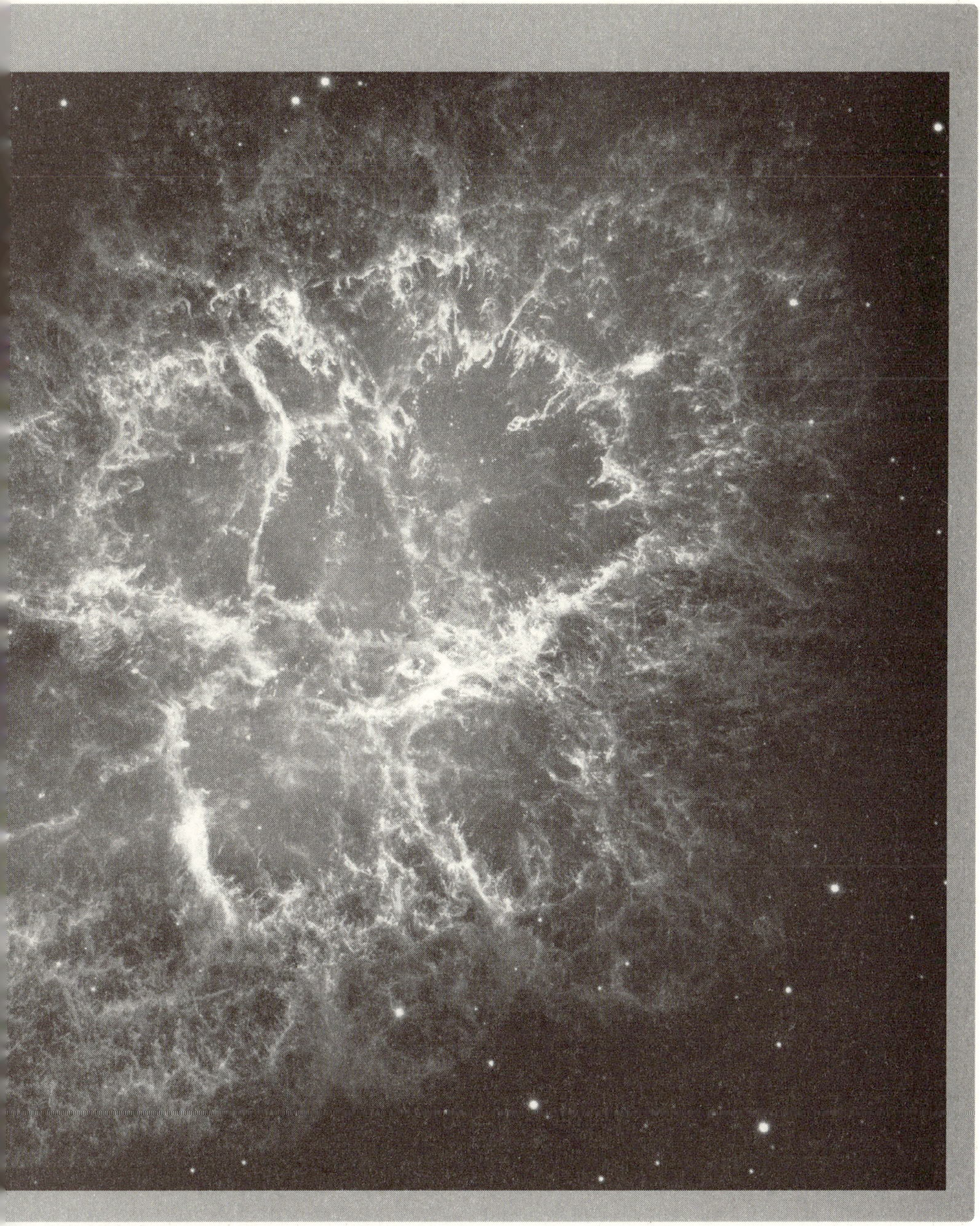

LA FORMACIÓN DE UN AGUJERO NEGRO ESTELAR

Del mismo modo que el límite de Chandrasekhar establece un valor máximo de 1,4 veces la masa del Sol para una estrella en la que la presión de la degeneración de los electrones es capaz de contrarrestar la gravedad, el límite de Tolman-Oppenheimer-Volkoff establece una masa de entre 2 y 3 masas solares para una estrella en la que la presión de degeneración de los neutrones equilibra la gravedad. Si la estrella es más masiva, el colapso no se detendrá y se formará una singularidad en el espacio-tiempo: un agujero negro, protegido por el horizonte de sucesos.

El agujero negro resultado de la implosión estelar gira como resultado del propio proceso del colapso, de modo que en las proximidades de su horizonte de sucesos se genera una especie de remolino. Así, la materia que se encuentra alejada de la región central girará lentamente, mientras que cerca del horizonte lo hará muy rápidamente. Conforme la materia cae hacia el agujero negro, se verifican los principios de la física relativista en la vecindad de su horizonte, tal y como se ha explicado en el capítulo anterior: para un observador externo, el tiempo se ralentiza de tal forma que las partículas que están siendo devoradas por el «monstruo» central permanecerán rotando en el horizonte para siempre; sin embargo, la situación es bien diferente para la propia partícula: su tiempo no se ralentiza, atraviesa el horizonte y se hunde irremisiblemente hacia su interior. Hemos de recordar que, debido a la rotación, el agujero negro no es esférico, sino que se abomba en su región ecuatorial, formando lo que ya definimos como ergosfera. Conforme más rápido gire el agujero negro, mayor será su momento angular y mayor la deformación.

En el año 1969, el británico Roger Penrose realizó un descubrimiento importantísimo: un agujero negro en rotación tiene la capacidad de almacenar energía rotacional en la región turbulenta junto al agujero negro, pero fuera de su horizonte de sucesos. Ello permite que esta enorme energía rotacional pueda ser extraída y utilizada, formando enormes chorros de materia (técnicamente conocidos como *jets*) de partículas relativistas que emanan de las partes centrales del disco (véase la imagen de las págs. 64-65). Estos chorros han sido descubiertos, cartografiados y caracterizados por los astrofísicos a lo largo de los últimos cuarenta años.

> **La teoría matemática de los agujeros negros es un tema de gran complejidad; pero su estudio me ha convencido de la verdad básica de dos antiguos aforismos: lo simple es el sello de la verdad y la belleza es el esplendor de la verdad.**
>
> **Subrahmanyan Chandrasekhar en su discurso de aceptación del premio Nobel**

Establecidas las bases teóricas para la existencia de los agujeros negros, cabe preguntarse ahora cómo pueden localizarse estos objetos. Teniendo en cuenta que la Vía Láctea tiene una edad de unos 13 000 millones de años y que las estrellas de masa elevada tienen una vida corta, cabe esperar que en nuestra galaxia haya un gran número de ellos.

¿Cómo buscarlos? Como los agujeros negros no emiten luz, su localización no es sencilla. Pero entre las décadas de 1960 y 1970, diversos grupos de investigación ya plantearon la posibilidad de buscarlos en sistemas binarios. Consideremos un sistema binario formado por una estrella normal y un agujero negro estelar que están en órbita el uno con respecto a la otra. Si observáramos el sistema binario con un telescopio, detectaríamos únicamente la luz de la estrella, pero podríamos intuir la presencia de una estrella compañera (en este caso el agujero negro) porque se produciría un desplazamiento de la longitud de onda a la que se emite la luz por el movimiento orbital. Ese desplazamiento sería proporcional a la masa del objeto. Este método, conocido como *método de las velocidades radiales*, es el que se utiliza habitualmente para detectar planetas extrasolares. Sin embargo, no permite detectar con facilidad los agujeros negros porque el acompañante podría ser una estrella de neutrones o una estrella fría, no necesariamente un agujero negro, razón por la cual esta idea tuvo que refinarse a lo largo de los años. Fue el ruso Yakov Zeldóvich quien dio con la idea clave. Las estrellas van perdiendo masa a lo largo de su vida y forman los llamados *vientos estelares*, que envuelven de gas a la estrella. Es lo que se denomina *material circumestelar*.

Recreación de uno de los dos chorros de partículas de alta energía comunes en agujeros negros y que emanan de extremos opuestos. Un detalle importante, mostrado en la imagen, es que los chorros de este tipo no surgen realmente del agujero negro, sino de sus inmediaciones. Un remolino de materia (el disco de acreción) rodea el agujero.

Si una estrella tiene una compañera que es un agujero negro, este podría atraer gravitatoriamente al gas del viento estelar, acelerarlo y hacerlo orbitar en torno a él, aumentando de este modo la temperatura de dicho gas a millones de grados. El gas a esas temperaturas tan altas emite radiación en el rango de energía de los rayos X, luz que podríamos detectar con unas gafas adecuadas: un telescopio de rayos X.

De este modo pudo redefinirse el proceso de búsqueda: había que buscar los sistemas binarios con telescopios ópticos y con telescopios de rayos X, de modo que una de las estrellas (la estrella normal, que donaría material de su viento) se detectara en el visible y fuera oscura en rayos X, mientras que la otra (el agujero negro, que atraparía el material del viento estelar de su compañera) fuera brillante en rayos X y oscura en el óptico. A estos sistemas estelares se les conoce como *binarias de rayos X*.

Recordemos que el agujero negro está rodeado por el disco de acreción, a través del cual la materia va cayendo hacia el objeto central. El material acretado tiene un momento angular que necesita eliminar antes de caer hacia el agujero negro central. Y lo hace a través de un proceso de «fricción» que calienta la materia del disco y transfiere hacia sus regiones externas gran parte de la energía gravitatoria liberada. Esta brillante idea no pudo aplicarse en toda su potencia esos primeros años debido a la ausencia de telescopios de rayos X lo bastante sensibles. En cualquier caso, este fue el método utilizado para el descubrimiento del primer agujero negro estelar: Cygnus X-1, abreviado como Cyg X-1, con una masa superior a 7 veces la masa del Sol. Pudo detectarse porque Cyg X-1 es la segunda fuente del cielo más brillante en rayos X. Su confirmación como agujero negro permitió al físico estadounidense Kip Thorne ganar la apuesta que había hecho con Stephen Hawking sobre la naturaleza del objeto. En 1991, Hawking aceptó su derrota, confirmando que no podía tratarse de una estrella de neutrones.

Hoy en día el descubrimiento observacional de agujeros negros estelares es relativamente más sencillo y, de hecho, se han descubierto varios cientos en nuestra galaxia. Eso atiende a dos razones. Por un lado, existen telescopios espaciales de rayos X

EN COMPAÑÍA: UN SISTEMA BINARIO

LADRÓN DE MATERIA

Los agujeros negros no tienen por qué estar solos. Los agujeros negros estelares cuentan con una estrella compañera muy cercana, como es el caso de Cygnus X-1, aquí ilustrado. Los agujeros negros estelares son sistemas binarios en los que un componente es un sol y el otro un agujero negro que succiona materia de su compañero estelar.

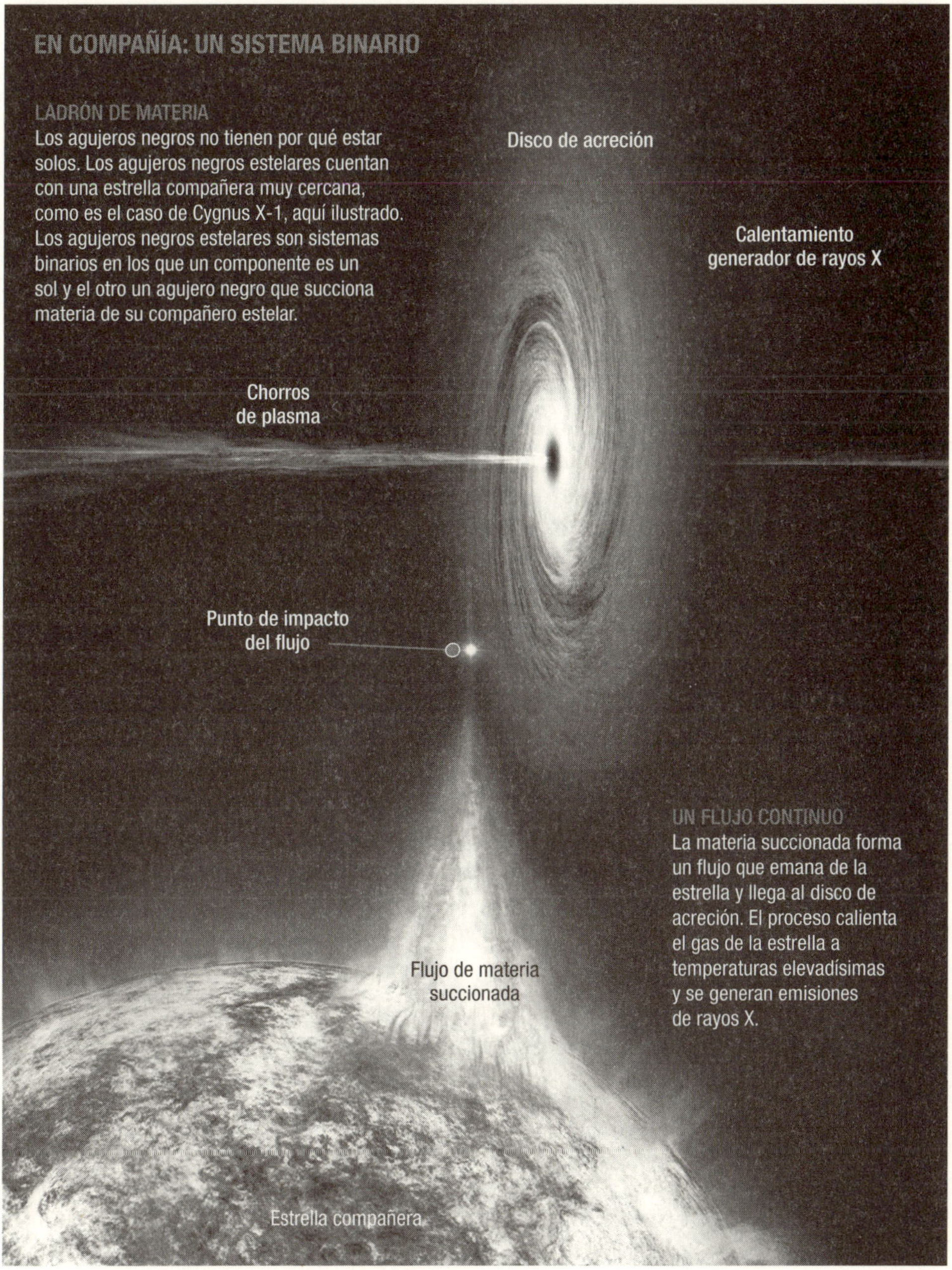

UN FLUJO CONTINUO

La materia succionada forma un flujo que emana de la estrella y llega al disco de acreción. El proceso calienta el gas de la estrella a temperaturas elevadísimas y se generan emisiones de rayos X.

mucho más sensibles, como el Chandra y el XMM-Newton. Por otro (tal y como se explicará en detalle en el capítulo 4, dedicado a los agujeros negros que residen en el corazón central de las galaxias), la luz que emiten estos sistemas no es constante, sino que sufre erupciones o estallidos muy intensos, que van acompañados de la eyección de material desde el agujero negro a través de dos chorros de plasma, perpendiculares al disco de acreción, tal como se muestra en la imagen de la página anterior. Esos chorros se detectan con observaciones de ondas de radio, y caracterizan de forma única la existencia de un agujero negro. A estas fuentes se las conoce con el nombre de *microquásares* por su similitud con los chorros que emanan de las regiones internas de los quásares y los núcleos activos de las galaxias.

En la formación de los chorros, los campos magnéticos son fundamentales. En un plasma, las líneas de campo magnético (que no son más que una forma de visualizar la intensidad del campo magnético, como las líneas que se dibujan cuando colocamos un imán bajo unas hojas de papel sobre las que hemos dispersado unas limaduras de hierro) se unen a la materia (técnicamente se dice que se «congelan» al plasma). Así, si la materia rota a altas velocidades en el remolino central, las líneas de campo también lo hacen, de manera que estas se enrollan formando un campo magnético helicoidal que es capaz de arrastrar el material fuera del disco y formar los chorros relativistas, que se convierten de esta manera en una huella indeleble de la presencia de un agujero negro.

En posteriores capítulos de este libro se profundizará sobre la física de los chorros relativistas, haciendo especial hincapié en los chorros que nacen en el motor central de los núcleos activos de galaxias. Pero quizá conviene adelantar ahora que son fenómenos similares, aunque con diferentes parámetros físicos: la masa del objeto central en un quásar es de 10^9 masas solares, y en un microquásar, de 10 masas solares; la luminosidad de los microquásares es 10 órdenes de magnitud menor que las de los quásares; el ritmo de acreción de materia hacia el agujero negro es de 10 masas solares por año en los quásares y de 10^{-9} masas solares por año en los microquásares; la temperatura

¿QUÉ ES UN PLASMA?

El plasma es un estado de la materia distinto del sólido, el líquido y el gaseoso, aunque es fluido como un gas o un líquido. En muchos aspectos se comporta como un gas, y de hecho a veces se le describe como un gas ionizado de altísima temperatura. A temperaturas muy elevadas, aumenta la cantidad de electrones que abandonan sus átomos, dejando estos convertidos en iones, en este caso con una carga eléctrica positiva; el resultado es el plasma: una mezcla de electrones libres, iones y átomos neutros que presenta algunas características especiales. Por ejemplo, los plasmas son muy influenciables por campos magnéticos y eléctricos, y son buenos conductores de la electricidad. En el cosmos, los plasmas son muy comunes. Algunas de sus fuentes se sitúan en las inmediaciones de los agujeros negros, lo que ayuda a detectarlos. El Sol y las demás estrellas contienen cantidades ingentes de plasma, y también podemos localizarlo en nebulosas y colas de cometas; por regla general, todo objeto cósmico de alta energía exhibe plasma. Es posible detectarlo por la luz que emite, tanto en la longitud de onda visible para el ojo humano como en otras. En ocasiones, también se descubre por las interacciones de sus iones y electrones con su entorno.

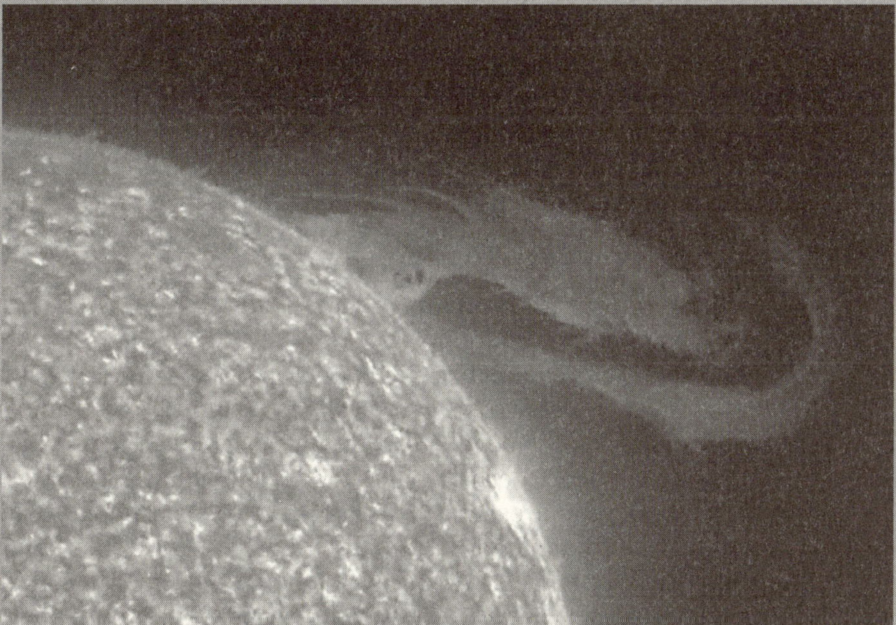

Imagen de una erupción solar. Las enormes lenguas que se alzan sobre la superficie de la estrella constituyen un ejemplo de plasma.

FIG. 2

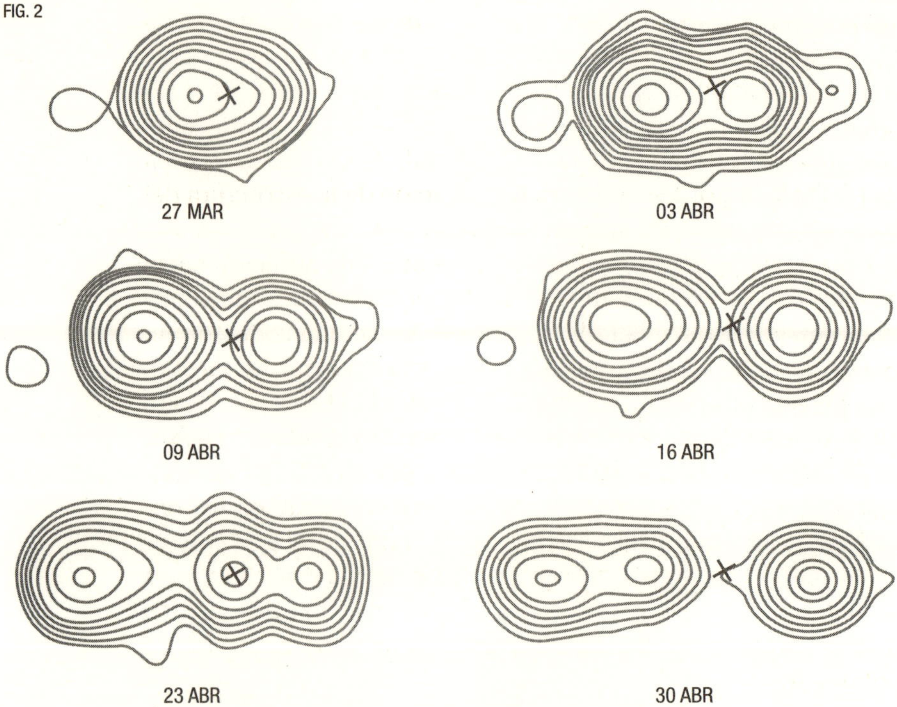

Evolución temporal de la eyección de componentes relativistas en el microquásar GRS 1915+105. La eyección de las componentes sucede tras un vaciamiento del material del disco de acreción hacia el agujero negro.

del disco de acreción del quásar es de 10^5 grados (temperatura que corresponde al rango de la radiación óptica y ultravioleta) mientras que la del microquásar es de 10^7 grados, lo que explica su fuerte emisión en rayos X. Y hay otra diferencia fundamental: los microquásares tienen alta variabilidad en cortas escalas de tiempo. Las escalas de tiempo características con las que varía la luz que emite un objeto astronómico es equivalente a su tamaño dividido por la velocidad de la luz, aproximadamente. Como el tamaño del radio gravitatorio de un agujero negro es proporcional a su masa, en el caso de los microquásares los fenómenos de acreción se manifiestan en variaciones de luz que acontecen mucho más rápidamente que en las galaxias activas. De este modo, unos pocos minutos de observación de un microquásar equivalen a decenas de años en el caso de los quásares. Se espera así que fenómenos como la acreción de materia, acompañada de la producción de chorros de partículas relativistas, se manifiesten en escalas temporales de días, permitiendo hacer física casi en directo. En la figura 2 se muestra la evolución de la estructura del microquásar GRS 1915+105 en un periodo de casi cinco semanas. Como resultado del vaciamiento del disco de acreción hacia el agujero negro (fenómeno que se ha podido testimoniar por la disminución brusca del flujo en rayos X), se ha producido un aumento de la emisión en ondas de radio y la eyección de un chorro de plasma bidireccional, viajando a velocidades relativistas.

La actividad de los agujeros negros con masa estelar constituye en definitiva una magnífica ventana para explorar los misterios de los agujeros negros. A su favor tienen también la gran abundancia de ellos en nuestra galaxia, que permite disponer de cientos de casos observables, a partir de los cuales extraer conclusiones que nos permitan hacernos una idea de cuántos agujeros negros y de qué clases predominantes debe de haber en el universo.

CAPÍTULO 3

Destellos en la oscuridad: la detección de agujeros negros

El sueño de cualquier astrónomo es obtener la imagen de un agujero negro. Sin embargo, se enfrenta a un problema irresoluble: las observaciones no se adentran en el horizonte de sucesos. Solo disponemos de indicios indirectos como los derivados de su influencia gravitatoria o los chorros de partículas que emanan de su centro.

El primer indicio astronómico de la existencia de un agujero negro partió del descubrimiento de los quásares en el año 1963. Los quásares son fuentes extragalácticas de energía con el aspecto de estrellas muy brillantes rodeadas de halos débiles y difusos. Esta imagen se debe a la gran distancia que nos separa de ellas; en realidad son todavía más brillantes, y el halo difuso no es otra cosa que la galaxia que los acoge. La enorme cantidad de luz que emiten (más de 10 000 veces superior a la luminosidad total de la Vía Láctea), así como el hecho de que lo hagan en todos los rangos de energía del espectro electromagnético, sugerían que su origen es el acrecimiento de material sobre un agujero negro.

Los procesos de acrecimiento son capaces de generar mucha más radiación a partir de la energía de las partículas que los procesos de fusión nuclear propios de las estrellas. Así, la eficiencia de los procesos de acrecimiento se sitúa entre el 7% y el 40%, 10 veces más eficiente, como mínimo, que los procesos de nucleosíntesis que tienen lugar en el interior de las estrellas. Para explicar la enorme cantidad de energía radiada por un quásar se requiere un agujero negro de miles de millones de soles de masa y un acrecimiento de hasta diez masas solares por año.

Una prueba inequívoca de la existencia de un agujero negro estelar o supermasivo, tal y como lo establece la relatividad general, exige poder seguir las trayectorias de las partículas de gas o de las estrellas atraídas por el agujero negro hasta su última órbita cerrada estable. Por desgracia, es muy poco viable obtener imágenes de este fenómeno lo suficientemente nítidas (tan solo está lo bastante cerca el agujero negro del centro de la Vía Láctea). Por ello, hay que «conformarse» con tratar de demostrar que los efectos gravitatorios que el núcleo de una galaxia activa ejerce en su entorno (por ejemplo en las estrellas cercanas) están provocados por una masa compacta, no atribuible, por ejemplo, a un conjunto de estrellas muy cercanas unas de otras, y que esta masa compacta solo puede corresponder a un agujero negro.

Los científicos han ideado una forma relativamente sencilla de determinar una masa a partir de la velocidad de los objetos que orbitan a su alrededor. Veamos cómo. Cuando se tiene una partícula de masa m (sea cual sea su naturaleza) orbitando en torno a una masa M a una cierta distancia R, con una velocidad V, si el objeto se encuentra en una órbita estable, la atracción gravitatoria se compensa con la fuerza centrífuga, de modo que:

$$\frac{GmM}{R^2} = \frac{mV^2}{R}.$$

La masa de la partícula desaparece de la ecuación, de modo que, conociendo la velocidad a la que rota la partícula y la distancia a la que se encuentra, puede obtenerse un valor para la masa en el objeto central:

$$M = \frac{RV^2}{G}.$$

Para una masa dada del objeto central, la velocidad de la partícula aumenta conforme disminuye la distancia al objeto central, de modo que

$$V \propto \left(\frac{1}{\sqrt{R}} \right).$$

Representando la velocidad en función de la distancia se obtiene una curva que habitualmente se conoce como *rotación kepleriana*. En realidad la situación sería más complicada, ya que además de la atracción gravitatoria del objeto central, debe considerarse la influencia gravitatoria del campo gravitatorio del disco galáctico, del halo e incluso de la materia oscura.

Sea como fuere, a partir de mediciones de la velocidad de las estrellas próximas al centro de nuestra galaxia, y gracias a estas sencillas ecuaciones, se ha podido estimar la masa del objeto central alrededor del cual orbitan aquellas. Los datos han permitido descartar que sean uno o varios cúmulos de estrellas de neutrones, enanas marrones u otros objetos cósmicos. Incluso se ha podido rechazar la posibilidad de que se trate de un agujero negro estelar. No, la enorme masa compacta detectada apunta a una única opción: un agujero negro supermasivo. Se le ha bautizado como SgrA* y se ha podido determinar que tiene una masa de 4 millones de soles.

LO QUE CUENTAN LAS ESTRELLAS

Se suele definir como la esfera de influencia del agujero negro a aquella región en la que, para una estrella, la influencia gravitatoria de atracción por parte del agujero negro supera la influencia gravitatoria combinada de las demás estrellas. Este radio es proporcional a la masa del agujero negro, e inversamente proporcional al cuadrado de la velocidad de la estrella. Dicho de otro modo: cuanto mayor sea la masa del agujero negro, mayor será la esfera de influencia; cuanto mayor sea la velocidad de la estrella, menor será dicha esfera. La esfera de influencia es de millones de veces el radio de Schwarzschild, pero su tamaño en el cielo sigue siendo muy pequeño, de modo que se necesitan observaciones de gran nitidez para poder hacer análisis detallados.

La contribución gravitatoria extra del agujero negro produce un segundo efecto: el número de estrellas en la vecindad del agujero negro es mucho mayor que las que habría en el caso de que no existiera. Por lo tanto, el agujero negro produce una gran concentración de estrellas moviéndose a alta velocidad en su entorno. Es lo que a veces se describe como la «cúspide» de estrellas en la zona nuclear de la galaxia, que se traduce en un aumento de luz en dicha zona. Observacionalmente se detectaría un pico de luz en la región central de la galaxia.

Para el caso de la Vía Láctea, se han determinado las órbitas para más de cuarenta estrellas en el mes-luz central, la más rápida de las cuales alcanza una velocidad de más de 1 000 km/s. La estrella más espectacular en este sentido es la denominada S2, que cubre una órbita completa en tan solo dieciséis años (figura 1). La estrella más cercana se ha encontrado a una distancia de unos 1 000 radios de Schwarzschild. Los indicios aportados por las estrellas apuntan de forma convincente a la existencia de SgrA*.

Las estrellas en la región nuclear de una galaxia se mueven en direcciones aleatorias. Cada estrella responde a una influencia gravitatoria que es el resultado de la interacción con todas las demás estrellas y con cualquier otra forma de materia que esté presente, como por ejemplo el agujero negro o la masa de gas que esté en la misma región. Las estrellas se mueven con una cierta velocidad que les permite no caer hacia el centro de la galaxia. La velocidad promedio de las estrellas puede ser distinta a distintas distancias del núcleo de la galaxia, de modo que la forma en que esas velocidades varían con la distancia puede dar una pista inequívoca de la presencia de un objeto supermasivo en su centro. En el caso de que exista un agujero negro, las velocidades aumentarán conforme las estrellas estén más cerca del núcleo galáctico, debido a la atracción gravitatoria del agujero negro, siguiendo una ley kepleriana; al contrario, si no existe tal agujero negro, las velocidades aumentarán tan solo hasta valores de unos cientos de kilómetros por segundo, e incluso podrían disminuir en caso de que las estrellas hubieran vivido siempre en la región más central de la galaxia.

FIG. 1

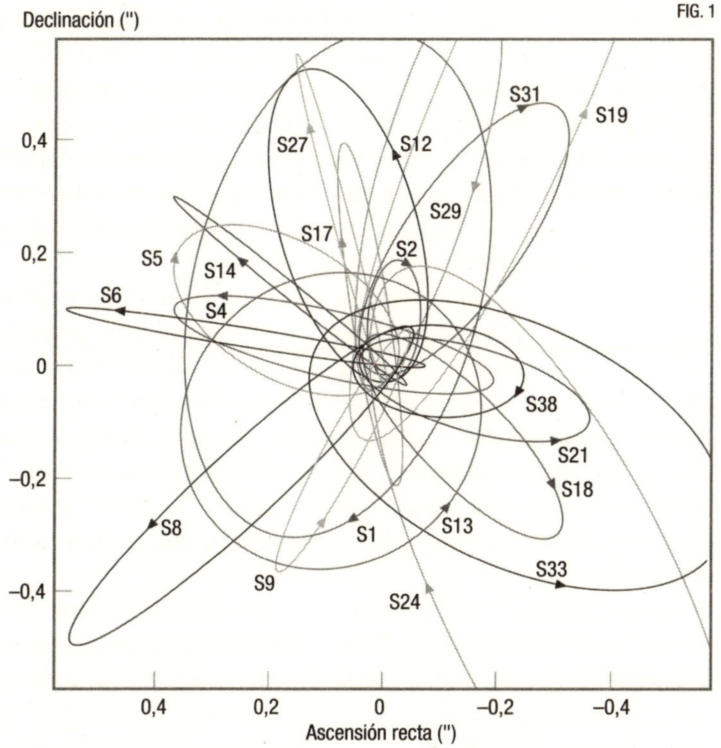

Órbitas de las estrellas en la vecindad de SgrA*, el agujero negro en el centro de la Vía Láctea.

A la hora de hacer observaciones, hay un problema: excepto en el caso de la Vía Láctea, no se pueden detectar las estrellas individuales en la región central de las galaxias. Sin embargo, un análisis de la composición de la luz combinada o superpuesta de todas las estrellas, mediante una técnica que se detallará más adelante, permite obtener información reveladora.

Para explotar esta vía de estudio se han buscado galaxias cercanas con un agujero negro no muy activo, de modo que la actividad de dicho agujero no escondiera las propiedades de la población de estrellas. El caso más claro que se ha estudiado es el de la galaxia de Andrómeda, M31. De hecho, el estudio observacional de M31 tiene una coincidencia histórica muy sugerente, y es que en el equipo de la Universidad de Princeton que la estudió se encuentra Martin, el hijo de Karl Schwarzschild. Los estudiosos descubrieron que la distribución de las estrellas en los años-luz centrales tenía una forma aplanada. Más adelante se encontró que las velocidades de las estrellas aumentaban hacia el centro y que todas se encontraban rotando en torno al centro de la galaxia, lo que claramente sugería la presencia de un agujero negro con una masa de entre 30 y 70 millones de soles.

Observaciones con mayor nitidez llevadas a cabo por el telescopio espacial Hubble mostraron un resultado sorprendente: se encontraron dos picos en la distribución de luz, de distinta intensidad. Una primera interpretación podría sugerir que se trataba de un sistema binario de agujeros negros, lo cual sería extremadamente complicado desde un punto de vista físico. Sin embargo, los astrónomos proporcionaron una interpretación que resulta más atractiva, y se ha podido probar como más adecuada: en realidad, la imagen estaría mostrando un disco de estrellas no-simétrico. El pico de luz más intenso corresponde a estrellas con las órbitas más externas, que viajan más despacio y, por lo tanto, se acumulan y conjuntamente emiten más luz. El segundo pico, en cambio, se encontraba en las proximidades del agujero negro, con estrellas viajando a mayor velocidad. Se detectó un disco circumnuclear de estrellas rotando a velocidades de alrededor de 900 km/s.

Estas observaciones permitieron delimitar de manera bastante más precisa la masa del agujero negro, que resultó ser de unos 140 millones de soles. La existencia del agujero negro en M31 se considera actualmente uno de los casos científicos mejor establecidos. En galaxias que no son la Vía Láctea no se pueden detectar las estrellas individualmente, debido a su gran lejanía, pero sí es factible medir la luz resultante de sumar la de todas las estrellas individuales. Cuando ello no es suficiente, existe la posibilidad de estudiar el campo gravitatorio del agujero negro, valiéndose para ello de observaciones de su influencia en la dinámica del gas interestelar.

DETERMINACIÓN DE LAS VELOCIDADES DE ROTACIÓN DEL GAS A PARTIR DE MEDIDAS ESPECTROSCÓPICAS

Los electrones en un átomo o molécula no se ubican en niveles de energía aleatorios, sino en niveles bien determinados. Cuando caen de uno alto a otro de menor energía, emiten luz detectable. Eso permite analizar el contenido en gas atómico o en gas molecular de una galaxia a partir de la luz que emiten al producirse una transición entre sus niveles de energía permitidos. El gas más abundante, hidrógeno atómico, puede estudiarse a partir de cierta transición entre niveles, que se produce en el laboratorio a una longitud de onda próxima a los 21 cm. El gas molecular más abundante, hidrógeno molecular, es indetectable directamente; por ello se recurre a la detección de otras moléculas simples que de modo indirecto señalan la abundancia de la molécula de hidrógeno.

Distintas frecuencias

Cuando observamos estas transiciones en una galaxia distinta de la nuestra, las detecciones no se efectúan a la misma longitud de onda observada en el laboratorio. Ello es debido al denominado *efecto Doppler*, el mismo que explica la transformación del sonido de un tren cuando se acerca o se aleja de nosotros. Como el universo se encuentra en expansión, las galaxias se alejan a una cierta velocidad, de modo que las líneas espectrales aparecerán desplazadas con respecto a su frecuencia en el laboratorio por una cantidad proporcional a la velocidad de alejamiento de la galaxia.

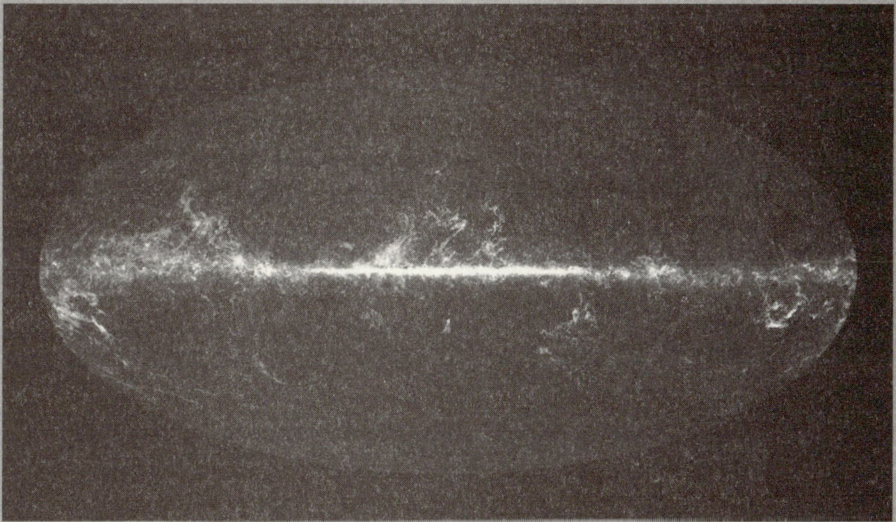

Mapa de la distribución de monóxido de carbono por el firmamento, confeccionado a partir de las detecciones hechas mediante el telescopio espacial Planck, y que delata indirectamente la presencia de hidrógeno molecular.

LO QUE CUENTA EL GAS INTERESTELAR

La luz que nos llega del Sol y otros astros se puede descomponer por medios artificiales en mucho más que un arcoíris. Y de cada banda o línea del espectro así examinadas, como también de las relaciones entre ellas, es factible obtener información química y física sobre la fuente emisora de la luz (líneas de emisión), así como de la materia con la que dicha luz ha interaccionado (líneas de absorción). Esta capacidad de análisis se extiende también a más longitudes de onda que las de la luz visible. Es factible incluso deducir velocidades, gracias al efecto Doppler, el mismo que explica el cambio brusco de tono en el sonido de la sirena de una ambulancia cuando comienza a alejarse de nosotros tras haber estado acercándose. Analizar mediante esta clase de técnicas la dinámica del gas interestelar ofrece varias ventajas, con respecto a otras técnicas, a la hora de buscar en dicha dinámica influencias del campo gravitatorio de un agujero negro. En primer lugar, las líneas de emisión del gas son mucho más fáciles de medir que las de absorción estelares. Además, son líneas más anchas y con un perfil más sencillo, por lo que la medida de las velocidades y su dispersión es muy directa.

Se ha utilizado el telescopio espacial Hubble para observar el movimiento del gas ionizado en galaxias relativamente cercanas. Una de las primeras en ser estudiadas fue M87, cuyo chorro de emisión tanto en ondas de radio como en el óptico la hizo una firme candidata a albergar un agujero negro. Las observaciones del Hubble han revelado un disco de gas alrededor del núcleo de M87. Se puede ver que, a cada lado del núcleo, el gas se mueve a distinta velocidad, por exceso o por defecto, de la que alcanza en el centro, indicando una rotación del mismo. Alcanza velocidades de hasta 750 km/s, a una distancia de 60 años-luz (figura 2). Teniendo en cuenta la distancia a M87, la distancia angular entre las áreas de integración utilizadas en la imagen y la diferencia de las velocidades obtenidas, la ley de Kepler permite estimar la masa del hipotético agujero negro, la cual se calculó en unos 3500 millones de masas solares.

Indicios basados en las emisiones máser

A grandes rasgos, un máser es un láser de microondas. En el espectro electromagnético, las microondas son el segmento con longitudes de onda más cortas que las del resto de ondas de radio, y más largas que las de la banda infrarroja.

En algunos escenarios cósmicos se dan las condiciones adecuadas para la generación de ciertas emisiones máser. Uno de estos escenarios es el vecindario de un agujero negro masivo en el centro de una galaxia. Por esta razón, las emisiones máser pueden aportar indicios de la presencia de un agujero negro en el corazón de una galaxia, y han contribuido de manera importante a validar como agujeros negros a objetos masivos y oscuros descubiertos en su día por el telescopio espacial Hubble.

El agua, H_2O, es una molécula sencilla, formada por dos átomos de hidrógeno y uno de oxígeno. Aunque el hidrógeno es el

FIG. 2

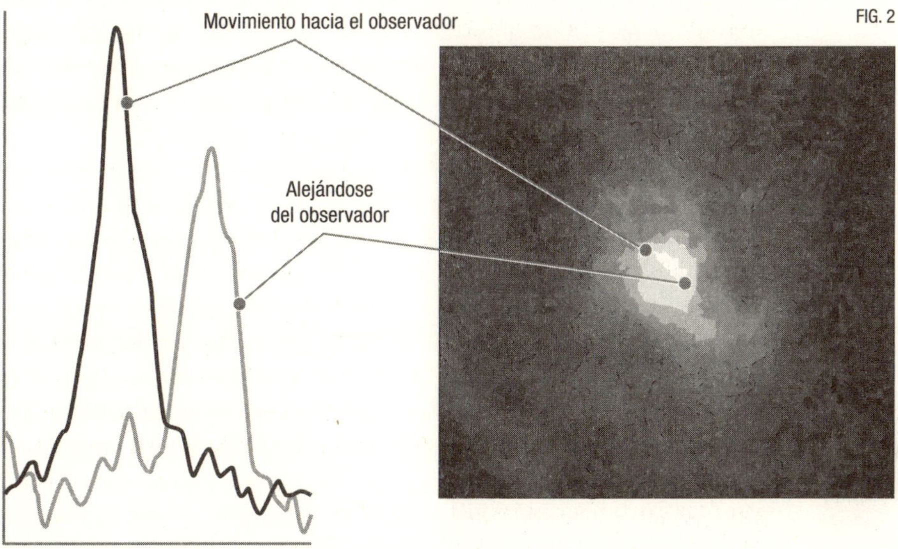

Observaciones del gas ionizado en torno al núcleo de M87. Se alcanzan velocidades de hasta 750 km/s, a una distancia de 60 años-luz.

elemento más común en el universo, el oxígeno es también bastante abundante; de hecho es el más frecuente después del hidrógeno y el helio (hay aproximadamente un átomo de oxígeno por cada mil de hidrógeno). Por tanto, resulta razonable pensar que la formación de agua en el universo mediante las uniones entre estos átomos debe ser un fenómeno bastante común.

Además, las emisiones de microondas que el vapor de agua puede generar tienen una longitud de onda de 1,35 cm, lo bastante característica como para permitir su detección y observación mediante radiotelescopios. Por tanto, los máseres de agua no solo han de ser comunes sino también susceptibles de ser detectados. Y en efecto, en 1969, el equipo del físico Charles Townes, por aquel entonces profesor en la Universidad de California en Berkeley, detectó dicha clase de emisión en tres nubes cósmicas albergando estrellas en proceso de formación.

La galaxia NGC 4258 destaca por poseer en su zona central un disco de acreción que aparece casi de canto desde la perspectiva visual de la Tierra. Estudiando la dinámica del gas en dicho disco, ha sido posible realizar mediciones con una notable precisión. El disco de acreción, con un grosor inferior a 0,01 años-luz, es muy delgado. Sobre él se detectan nubes de gas molecular con la presencia de máseres de agua en rotación.

Como se ilustra en la figura 3, en el caso del agujero negro de NGC 4258 no solo se aprecia la emisión constante del chorro relativista, el cual es eyectado desde las inmediaciones del agujero negro central y es perpendicular al plano del disco, sino que además se detectan tres sistemas de nubes moleculares con emisión máser y que denotan claramente una rotación. El sistema en dirección al centro exhibe una velocidad tangencial causada por la rotación. Los otros dos están situados uno a cada lado del sistema central, y sus velocidades difieren de la del central.

El tiempo que tardan las fuentes de emisiones máser en dar una vuelta alrededor del agujero negro, y la velocidad a la que se desplazan, varían con arreglo a su ubicación en el disco de acreción. Los máseres en la región más interna del disco, a medio año-luz del agujero negro que corresponde a unos 25 000 radios de Schwarzschild, viajan a 1 080 km/s, tardando unos

FIG. 3

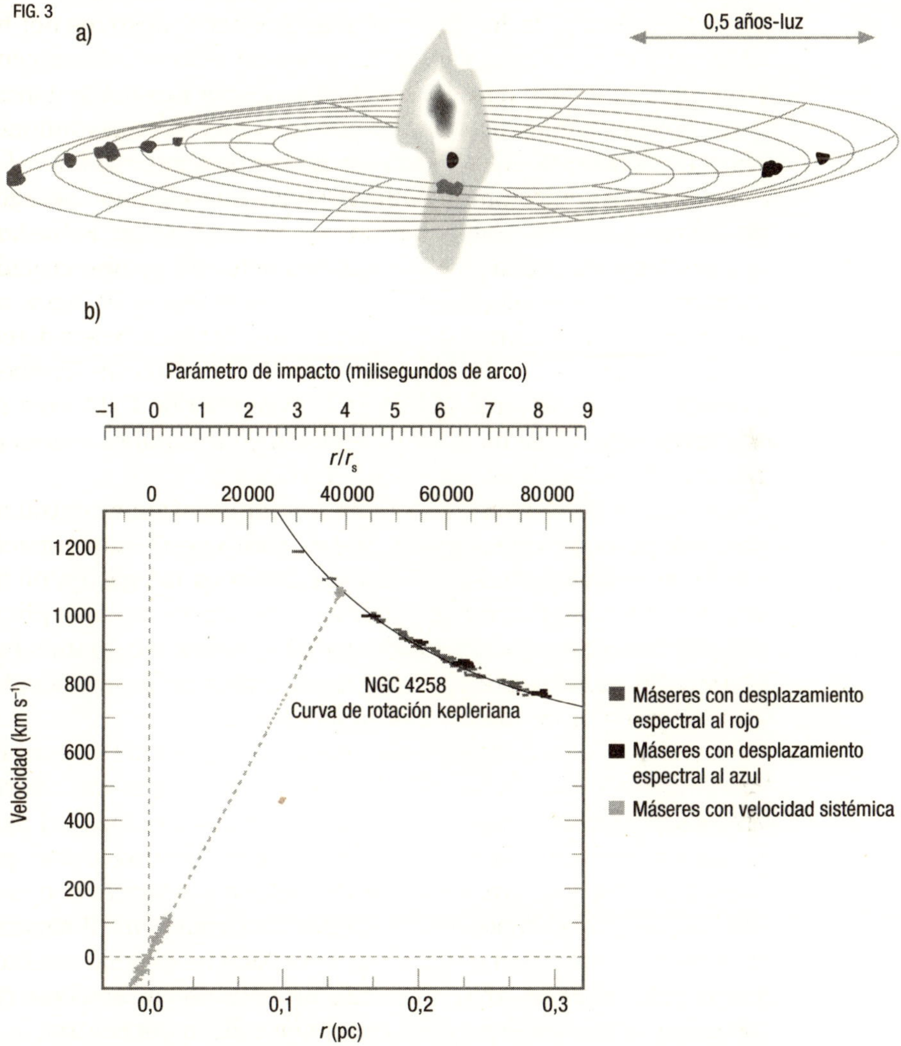

En a) se muestra de manera figurada la región nuclear de NGC 4258, donde se aprecian el jet relativista y el disco con los máseres. Como se observa en la figura b), la velocidad de los máseres de agua aumenta conforme disminuye la distancia al agujero negro central. De hecho, aumenta conforme al inverso de la raíz cuadrada de la distancia, curva que se conoce como *rotación kepleriana*, y que es lo que cabría esperar por la atracción gravitatoria de un objeto central muy masivo.

750 años en completar una vuelta. Los máseres más alejados, a un año-luz de distancia, viajan a 770 km/s, tardando unos 2 100 años en completar una vuelta. Estas y otras observaciones demostraron que la conducta del disco concuerda lo suficiente con las leyes de Kepler como para poder deducir con arreglo a ello la existencia de un objeto muy masivo y denso en el centro. Sumándose a otros indicios, la masa calculada en 40 millones de veces la del Sol, y el pequeño volumen en el que está concentrada, apuntan claramente a la identidad del objeto central: un agujero negro.

LA EMISIÓN DE RAYOS X: ¿ESTÁ EL AGUJERO NEGRO EN ROTACIÓN?

Una medida independiente de las condiciones de gravitación extrema viene de los espectros en rayos X. El gas que emite rayos X está muy caliente y muy próximo al agujero negro central. Por ello, las observaciones espectroscópicas en rayos X están dando información sobre los discos de material en regiones de unos 10-20 radios de Schwarzschild. La emisión de rayos X se concentra en un conjunto de líneas espectrales, entre las cuales destaca la denominada *línea de fluorescencia del hierro*. La deformación de esta «línea del hierro» apunta a velocidades (ultra-) relativistas.

Los estudios en rayos X no proporcionan de por sí valores para la masa de los agujeros negros, pero sin embargo dan una información única sobre otro ingrediente fundamental en su formación: el momento angular del agujero negro, que está directamente relacionado con la rotación. En vocabulario técnico, los astrónomos se refieren a él como el *espín* del agujero negro. Un espín de valor uno supondrá que está rotando muy rápido. Como se mostró en el primer capítulo de este libro, un agujero negro viene caracterizado por tres parámetros: su masa, su momento angular y su carga. Por ello, la determinación del momento angular es importante. Si el agujero negro creció en uno o en un número limitado de eventos en los que se alimentó de materia, adquirirá el momento angular de la materia que ha ido cayendo, rotará rápidamente y tendrá un espín alto. Si al contrario, la materia va siendo engullida en pequeños paquetes de gas, o incluso pequeños agujeros negros, que están orientados arbitrariamente, el agujero negro resultante rotará con lentitud y tendrá un espín próximo a cero. En este sentido, el espín del agujero negro trae información fósil de su proceso de creación.

> Los agujeros negros de la naturaleza son los objetos macroscópicos más perfectos que existen en el universo: los únicos elementos en su construcción son nuestros conceptos de espacio y tiempo.
>
> **Subrahmanyan Chandrasekhar**

Los resultados obtenidos hasta ahora favorecen valores altos del espín para agujeros negros con masas inferiores a 40 millones de soles, lo que estaría sugiriendo —al menos para estos agujeros negros— que el proceso de acreción de material sucedió mediante eventos muy rápidos. Para agujeros negros mayores de 40 millones de soles, el espín toma valores intermedios, lo que indicaría que podrían venir de procesos de fusión de sistemas binarios o de múltiples eventos de acreción.

ILUMINANDO EL UNIVERSO

No todo el material del disco de acrecimiento acaba alimentando al agujero negro. Parte del material es arrancado del disco a causa, entre otras cosas, de la acción de los campos magnéticos, produciendo unas de las estructuras más espectaculares de la naturaleza: son los chorros de partículas que se eyectan desde las regiones más internas del disco de acrecimiento y viajan a velocidades muy próximas a la de la luz.

Estos chorros se presentan en diferentes «sabores» dentro de la naturaleza: aparecen en las galaxias activas, en los microquásares o en los estallidos de rayos gamma (abreviados comúnmente como GRBs por las siglas GRB del término inglés *Gamma Ray Bursts*). Todos estos sistemas astrofísicos tienen un origen común que es el acrecimiento de materia en torno a un objeto central masivo y compacto: un agujero negro estelar en el caso de

FIG. 4

Escenarios astrofísicos en los que se forma un chorro relativista: un microquásar, una galaxia activa y un estallido de rayos gamma (GRB). Tanto el microquásar como el GRB corresponden a un agujero negro estelar, mientras que la galaxia activa corresponde a un agujero negro supermasivo. Se muestran en las figuras los diferentes tamaños del disco de acrecimiento y del chorro relativista para los diferentes escenarios, desde los más compactos (GRB, con discos de 100 km y chorros de horas-luz) a los más extendidos (galaxia activa, con discos de 1 000 millones de kilómetros y chorros de millones de años-luz).

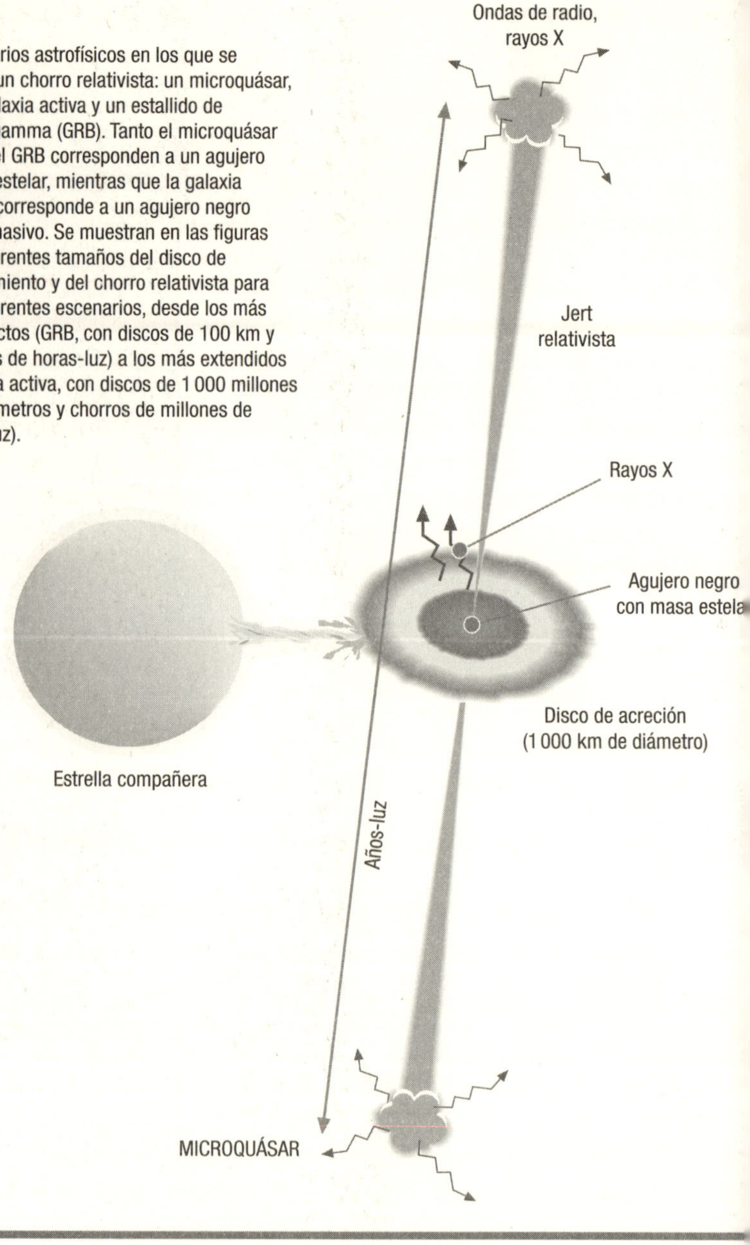

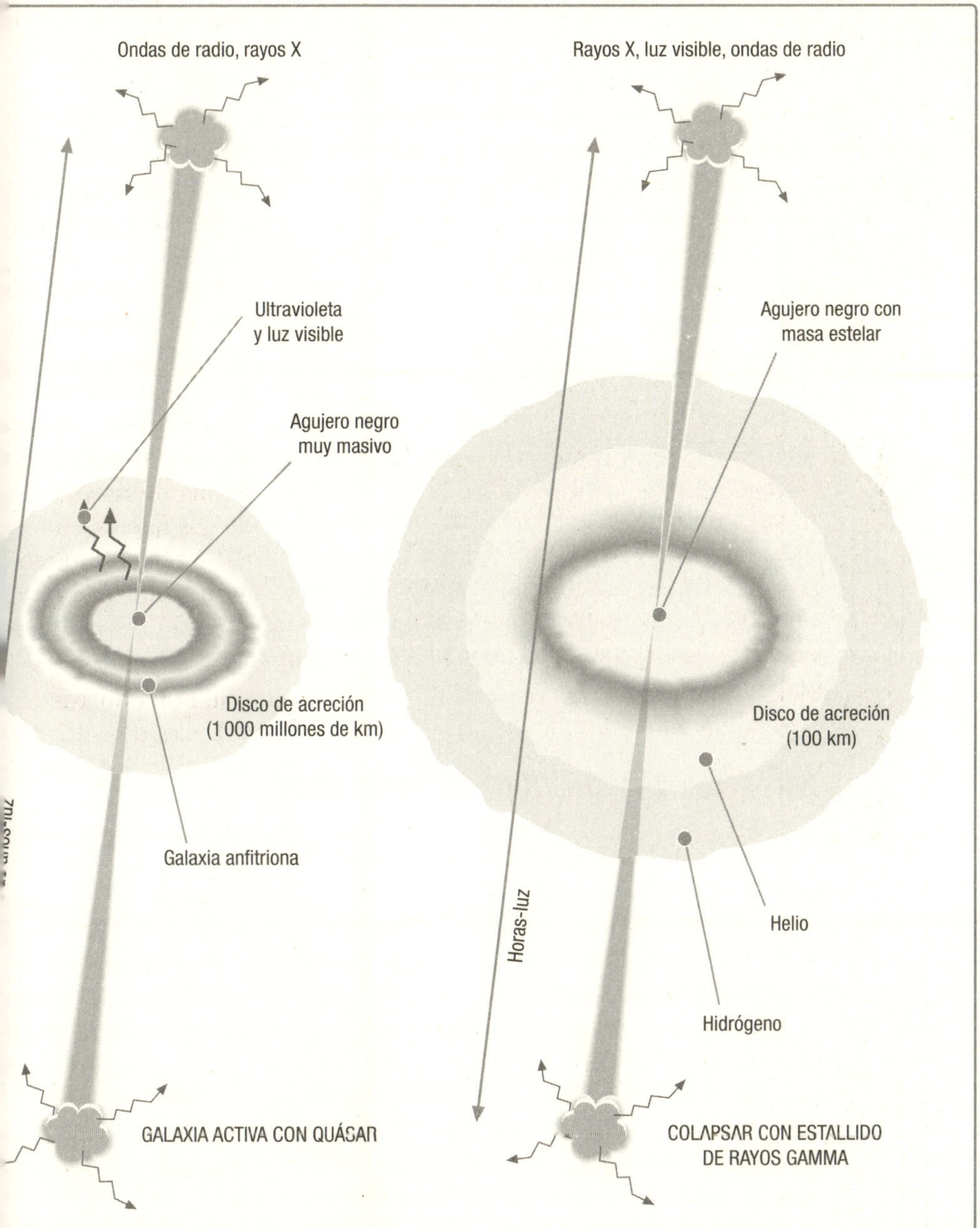
Ondas de radio, rayos X
Rayos X, luz visible, ondas de radio
Ultravioleta
y luz visible
Agujero negro con
masa estelar
Agujero negro
muy masivo
Disco de acreción
(1 000 millones de km)
Disco de acreción
(100 km)
Galaxia anfitriona
Horas-luz
Helio
Hidrógeno
GALAXIA ACTIVA CON QUÁSAR
COLAPSAR CON ESTALLIDO
DE RAYOS GAMMA

los microquásares, un agujero negro supermasivo en el caso de las galaxias activas y un colapsar en el caso de los GRBs. Pueden verse en la figura 4. Comparten además otra característica: la velocidad del material de los chorros debe ser cercana a la velocidad de escape del material en la proximidad del objeto central. Como se trata de agujeros negros, la velocidad de escape es la velocidad de la luz.

Las imágenes de estos chorros de materia, su variación con el tiempo, así como sus propiedades físicas confirman esta circunstancia. Ello supone que la física que actúa debe ser explicada aplicando la relatividad de Einstein.

Estos chorros relativistas tienen una morfología similar, si bien presentan diferencias importantes: la longitud del chorro es de millones de años-luz para las galaxias activas, de años-luz para los microquásares y de horas-luz para los GRBs; el tamaño del disco de acrecimiento es de miles de millones de kilómetros para las galaxias activas, de 1000 km para los microquásares y de 100 km para los GRBs; el material acretado de un microquásar viene de una estrella compañera, mientras que en los otros casos viene del material atraído gravitatoriamente de su entorno por parte del agujero negro central.

COLÁPSARES Y ESTALLIDOS DE RAYOS GAMMA

Una explosión de energía rompe la monotonía del fondo cósmico. En unos pocos segundos se libera una cantidad de energía equivalente a la que nuestro Sol generará en toda su vida. Se trata de los estallidos de rayos gamma, probablemente los eventos más brillantes del universo.

Los GRBs se detectaron por vez primera a finales de la década de 1960 gracias a la tecnología desarrollada al calor de la guerra fría. Eran los años inmediatamente posteriores a la firma en 1963 del Tratado de prohibición parcial de ensayos nucleares entre Estados Unidos y la URSS. Los estadounidenses sospechaban que los soviéticos no estaban cumpliendo su parte del trato y pusieron en órbita una familia de satélites, los Vela, capaces de detectar las emisiones de rayos gamma que delatan la detonación de un ingenio nuclear. Poco después de las 14 horas del 2 de julio de 1967, los satélites detectaron una fuente de rayos gamma diferente en su naturaleza a la emitida por cualquier tipo de arma nuclear conocida. En años sucesivos se pudo calcular en qué posición del cielo se situaba el origen de hasta 16 emisiones de este tipo y se descartó que tuvieran un origen terrestre o incluso solar. Ya en la década de 1990, los datos procedentes del Observatorio Compton de Rayos Gamma permitieron descartar asimismo que procedieran de la Vía Láctea.

Los estallidos de rayos gamma están asociados con explosiones muy energéticas y que suceden en galaxias muy distantes. Pueden ser de dos tipos: las que tienen un tiempo de vida muy corto (de alrededor de milisegundos) y aquellas con tiempos de vida de segundos a minutos. A la explosión inicial en rayos gamma le suele seguir la emisión en rangos menores de energía que se conoce con el nombre de *afterglow*.

Se piensa que los GRBs de larga duración están relacionados con la muerte de una estrella muy masiva, por encima de cuarenta veces la masa del Sol. Es muy similar a una explosión tipo supernova, pero con una particularidad: las estrellas progenitoras rotan muy rápido, de modo que, una vez que la presión asociada con la radiación emitida por las reacciones de fusión nuclear del interior de la estrella no es capaz de contrarrestar la fuerza de la gravedad, la caída del material hacia el objeto central no es idéntica en todas las direcciones, sino que forma un disco de acreción muy denso y compacto (de unos 100 km). Parte del material que va alimentando el agujero negro central a través del disco es eyectado en forma de dos chorros relativistas a lo largo del eje de rotación de la estrella. En el caso de que la densidad de la envoltura estelar sea lo bastante baja, estos chorros viajan más allá de la superficie de la estrella. Como los chorros son muy energéticos, la mayor emisión se produce en forma de rayos gamma. Este esquema se conoce como el modelo del *colapsar* (véase la imagen de las págs. 92-93).

Hay tres condiciones necesarias para que en las etapas finales de la vida de una estrella se produzca una explosión de tipo

Imagen de un colapsar. Se distingue el disco de acrecimiento y el chorro relativista atravesando la envoltura gaseosa asociada con la supernova.

colapso de un objeto compacto que antecede a una explosión de tipo supernova. Debe tratarse de una estrella masiva, de manera que en su colapso venza la resistencia que ofrecen los neutrones a la formación de un agujero negro. Debe rotar con gran rapidez; la rotación rápida produce un disco y la inmediata emisión de dos chorros relativistas. La estrella debe haber desnudado su envoltura de modo que el jet no tenga ninguna dificultad para avanzar a través de ella.

La gran confirmación del modelo vino con la detección de una supernova en la misma posición del cielo en que se había detectado previamente un GRB. Se ha podido ver la evolución desde una distribución de luz típica de un objeto compacto (lo que sería un GRB) hasta un espectro característico de una supernova. En la mayoría de los casos no se han detectado estas últimas porque los GRBs suceden a una distancia tan grande que las emisiones delatadoras de las supernovas resultan indetectables desde la Tierra por haberse debilitado demasiado.

Los GRBs de corta duración: sistemas binarios

El escenario previamente descrito sería válido para los GRBs de larga duración, pero resulta incapaz de explicar los de tan solo milisegundos. El modelo que hoy en día se considera como más plausible es la fusión de dos objetos compactos, que podrían ser una binaria formada por dos estrellas de neutrones o por una estrella de neutrones y un agujero negro. La teoría de la relatividad general establece que los dos objetos irían orbitando cada vez más cerca uno del otro, al tiempo que emitirían ondas gravitatorias. Llegaría un momento en que ambos se fusionarían en un único agujero negro y ello liberaría enormes cantidades de energía en forma de un estallido de rayos gamma (GRB). Obsérvese que en este caso no hay una estrella que explote, por lo que estos GRBs nunca irían acompañados de una supernova. Y, de hecho, no se ha encontrado ninguna supernova asociada.

Como ya se ha dicho, los GRBs constituyen los eventos electromagnéticos más luminosos del universo. Tanto es así que el

GRB 090429B, detectado en 2009, se considera el objeto más alejado del que se tiene constancia.

En teoría, un GRB lo bastante potente y enfocado a la Tierra podría acabar con la vida en nuestro planeta. Se ha llegado incluso a especular con que un evento de este tipo haya sido la causa de la extinción masiva del Ordovídico-Silúrico acaecida hace 440 millones de años. Pero ninguna fuente previsible de GRB se encuentra lo bastante próxima como para tomar medidas serias para protegerse de un evento de este tipo.

CAPÍTULO 4

En el corazón de las galaxias

El corazón de cualquier galaxia suele ser un lugar difícil de observar. La gran cantidad de estrellas que se concentran allí, así como el polvo y el gas que a menudo las rodean, conforman un espeso velo que oculta los secretos de la maquinaria central. El más común y principal de todos esos secretos es un agujero negro supermasivo.

Para que los componentes de una galaxia se mantengan unidos, tiene que haber en su centro un objeto compacto y supermasivo que proporcione la atracción gravitatoria necesaria. Un agujero negro supermasivo, cuya masa se encuentre comprendida entre millones y miles de millones de veces la masa del Sol, es el candidato ideal.

Los agujeros negros de este tipo no siempre se encuentran activos, pero cuando lo están generan uno de los escenarios más luminosos y espectaculares que pueden contemplarse en el universo.

Dada su proximidad, el agujero negro que podrá ser observado con mayor detalle es el de la Vía Láctea. Será posible detectar los efectos que produce sobre el gas y las estrellas en su vecindad, la forma en que se alimenta, su tamaño y otros aspectos de su naturaleza. Además, constituye el escenario perfecto para comprobar los efectos de la relatividad general, porque las observaciones astronómicas nos han permitido aproximarnos a él hasta distancias inferiores a la decena de radios de Schwarzschild. Se trata, sin ningún género de dudas, de uno de los temas más fascinantes de la astrofísica del siglo XXI.

NUESTRA GALAXIA

El sistema solar se encuentra dentro de la Vía Láctea, de cuyo centro nos separan 26 000 años-luz. Estamos situados en uno de los brazos espirales de la galaxia, el denominado brazo de Orión. Utilizando diversos telescopios, tanto en tierra como en el espacio, que funcionan en diferentes rangos del espectro electromagnético (desde el universo más frío estudiado, con ondas de radio, al más caliente, estudiado con ondas en rayos X y rayos gamma) podemos conocer con gran detalle todos sus componentes dado que se encuentran a diferentes temperaturas y, por consiguiente, emiten luz a diferentes frecuencias. Sin embargo, por encontrarnos dentro de la galaxia, no podemos cartografiarla globalmente, aunque existen numerosos resultados observacionales, tales como la distribución del gas atómico y molecular, que nos confirman que se trata de una galaxia de tipo espiral.

La Vía Láctea tiene una edad de unos 12 000 millones de años, un diámetro de 90 000 años-luz, más de 200 000 millones de estrellas, una masa de mil millones de veces la del Sol, tarda unos 225 millones de años en dar una vuelta sobre sí misma y tiene una barra central de 25 000 años-luz. Las barras de esta clase no son más que bandas de estrellas que se encuentran en su región nuclear y que ayudan a canalizar el gas interestelar desde los brazos espirales, donde se están formando nuevas estrellas, hacia el centro de la galaxia.

En la Vía Láctea, como en otras muchas galaxias, se encuentran tres componentes básicos (figura 1): el bulbo, que es una zona esférica central formada sobre todo por estrellas viejas; el disco, que muestra diferentes capas y tiene un tamaño de unos mil años-luz, formado por estrellas tanto jóvenes como viejas, además de gas y polvo, y que se encuentra sobre el plano de rotación de la galaxia, y el halo, que es una enorme esfera compuesta en una gran proporción de materia oscura. En el centro de la galaxia reside el denominado centro galáctico (CG), donde estaría el motor central de diversos fenómenos energéticos y que además mantiene unida a toda la galaxia.

El centro de la Vía Láctea también alberga un agujero negro, aunque su emisión no parece ser muy intensa. Por ello, el gran reto de la astronomía en los últimos años y en la actualidad ha sido hallar indicios observacionales de su existencia y determinar sus propiedades físicas.

Las observaciones del CG se topan con un problema: en él hay cantidades enormes de polvo que, al igual que una capa de niebla, absorben la radiación que allí se emite. Es lo que técnicamente se conoce como *extinción*, y en el CG es tan enorme que impide las observaciones en el óptico: el rango de frecuencias que nuestros ojos y los telescopios ópticos pueden ver. Sin embargo, como la extinción depende de la frecuencia, puede estudiarse el CG en otras regiones del espectro electromagnético en las que dicha extinción es despreciable. Ese es el caso de las ondas de radio, el infrarrojo o los rayos X y gamma. Los radiotelescopios son ca-

FIG. 1

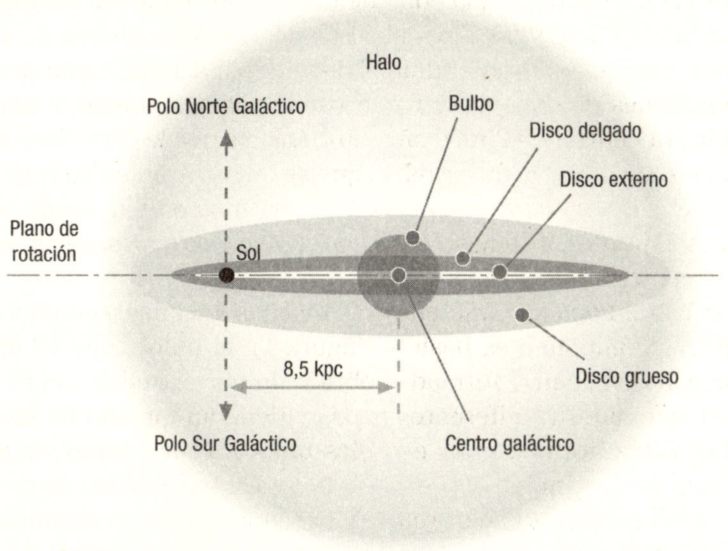

Esquema de la estructura básica de la Vía Láctea. La distancia que separa al Sol del centro galáctico es de unos 8,5 kilopársecs (1 kpc = 3 262 años-luz).

Imagen de la Vía Láctea desde el observatorio de La Silla, en Chile. Su ubicación, a 2400 m de altitud, lo convierte en un lugar ideal desde el que contemplar el majestuoso cielo austral. Como se aprecia en la fotografía, las nubes de gas ocultan la mayor parte de las estrellas que se concentran en la región central de la galaxia.

paces de detectar ondas de radio, de tal modo que con ellos es factible cartografiar regiones donde se están formando estrellas a partir de la emisión del gas ionizado o estrellas moribundas a partir de la radiación que emiten las radiosupernovas. Si se utiliza un telescopio en el infrarrojo, es plausible detectar la emisión de estrellas más frías que el Sol. Si el telescopio trabaja en rayos X o gamma, es posible observar las regiones más energéticas del CG, detectando agujeros negros estelares o gas muy caliente. Así, los astrónomos disponen de diversas ventanas de observación desde las que asomarse a los secretos de la galaxia.

A escalas de 1000 años-luz, se observa fundamentalmente el disco galáctico. El telescopio espacial Spitzer, que opera en el infrarrojo, permite observar la población de estrellas más jóvenes y el polvo interestelar. Por otro lado, los telescopios en ondas de radio muestran regiones más frías, donde hay nubes de gas que están formando nuevas estrellas.

Se observa también una gran concentración de luz en la región central, con una enorme acumulación de estrellas: la densidad de estrellas en la región central es unos mil millones de veces mayor que en la vecindad del Sol. Es una región muy violenta, con chorros de materia que salen del disco de la galaxia a velocidades altísimas, alcanzando alturas de hasta 500 años-luz. Como existen cargas eléctricas en movimiento, se detectan también campos magnéticos muy intensos. En esta región, los telescopios de rayos X descubren objetos muy energéticos, muchos de ellos asociados con la presencia de agujeros negros estelares (microquásares), tal y como se ha descrito en el capítulo 2.

A escalas de 20 años-luz, nos aproximamos ya al motor central de la Vía Láctea. Observaciones en el infrarrojo muestran que hay más de 20000 estrellas, además de mucha luz de fondo. Pero son las observaciones en ondas de radio las que dan una información única.

Aquí merece la pena detenerse un poco: las observaciones a diferentes longitudes de onda permiten estudiar diferentes componentes de la galaxia en diferentes condiciones físicas. Si observamos en longitudes de onda milimétricas, podemos estu-

¿CÓMO SORTEAR LA ATMÓSFERA PARA OBTENER IMÁGENES NÍTIDAS?

Cuando se observa en el visible o en el infrarrojo cercano, las imágenes de los objetos se emborronan debido a las turbulencias de la atmósfera. Por ello, la identificación de una misma estrella en épocas diferentes se hace complicado, pero es un requisito esencial para poder determinar su movimiento propio. Dos desarrollos técnicos han contribuido a solucionar el problema del emborronamiento: la tecnología *speckle*, que consiste en tomar imágenes con tiempos de exposición muy cortos de modo que no estén afectadas por la turbulencia atmosférica, y la tecnología de la *óptica adaptativa*, que consiste en medir en tiempo real la distorsión de las imágenes producida por el vapor de agua presente en la atmósfera (con un sensor de frente de onda) y corregirlas haciendo uso de espejos deformables (utilizando un reconstructor y un dispositivo corrector; véase la figura). Mediante estas técnicas se mejora la nitidez de las imágenes hasta el límite de lo que permite la óptica del telescopio. De este modo es posible detectar las estrellas individuales en todas las épocas de observación y medir su movimiento en el plano del cielo.

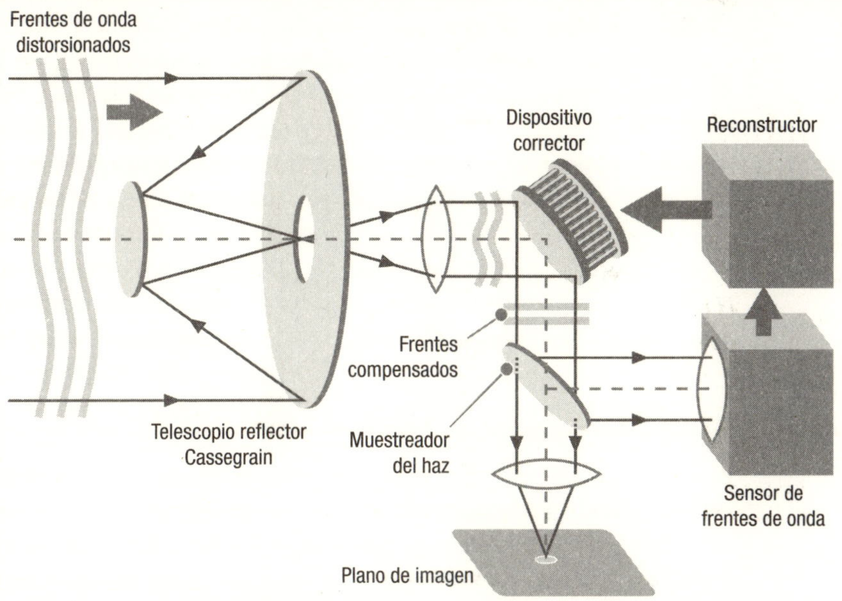

La imagen distorsionada que llega al telescopio es dividida en el muestreador del haz, que evalúa dicha distorsión. Un espejo deformable hace las correcciones oportunas y adapta la imagen para que se muestre con nitidez.

diar el gas molecular, que es el combustible fundamental para la formación de nuevas estrellas. Así, las imágenes muestran un disco muy denso, caliente y turbulento de gas molecular (llamado *disco circumnuclear* o *CND*), de un radio de unos 10 años-luz. Puede verse, señalado con una flecha, en la imagen superior de la página contigua. Y lo que es todavía más interesante, las observaciones indican que desde este anillo parte un flujo de material hacia el interior, hacia el corazón de la galaxia, de unas 0,01 masas solares por año. Es decir, 10^{28} kg por año de material, sea cual sea su origen, son atraídos por el objeto central.

Las observaciones en radio a longitudes de onda centimétricas dan información complementaria y adicional muy interesante. Estas observaciones cartografían la distribución del gas ionizado; dado que en los 4 años-luz centrales de la galaxia existen todavía más de 10 000 estrellas, el gas se ioniza fácilmente y emite luz en ondas de radio. En la imagen inferior de la página contigua se muestra que el gas se distribuye en tres brazos espirales, que se encuentran dentro del disco circumnuclear, y que conducen material hacia el centro galáctico. Este gas ionizado se está moviendo y dicho movimiento se ha podido medir con gran detalle, lo que ha conducido a las siguientes conclusiones: en estos brazos, el gas se mueve con una dirección predominante hacia la región central de la galaxia, y su velocidad aumenta conforme se acerca a la región central. Una vez que el gas se encuentra en las proximidades de dicha región central, curva su trayectoria y, o bien es atrapado o, si su velocidad es lo suficientemente alta, logra escapar de la atracción, disminuyendo su velocidad conforme se aleja. Parece que hay algo en el centro de la galaxia que atrae a este gas, que trata de «engullirlo» y que, sin embargo, no es tan voraz como para hacerlo en su totalidad.

Adentrándonos todavía más hacia las «tripas» de la Vía Láctea, a escalas de 4 años-luz, las imágenes en rayos X muestran la presencia de gas muy caliente (con temperaturas por encima del millón de grados), y en las imágenes en ondas de radio se cartografían las regiones más internas de los brazos de gas ionizado detalladamente. Es en estas imágenes de radio donde se detecta un objeto muy compacto, situado en el centro dinámico de nuestra

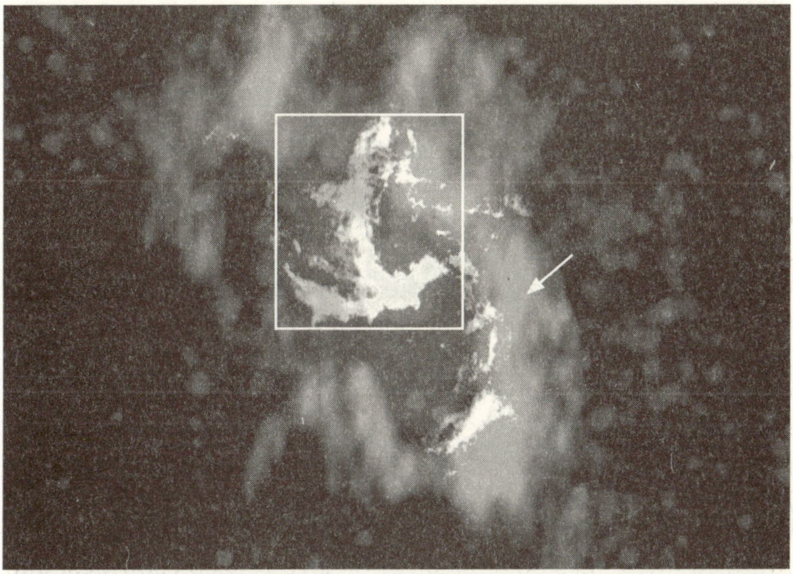

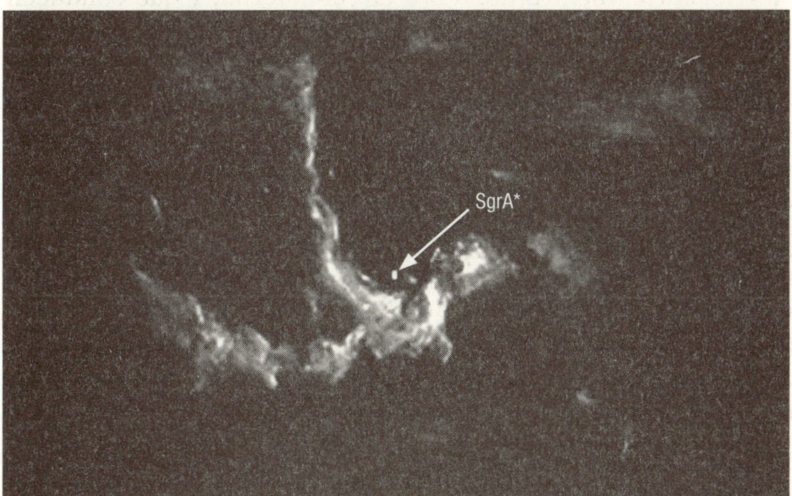

La imagen superior ilustra los 10 años-luz centrales del CG. El anillo circumnuclear de gas molecular está señalado con una flecha (en rojo en la imagen original), mientras que los brazos de gas ionizado se muestran enmarcados con un rectángulo (en cian en la imagen original). Estos últimos aparecen aislados en la imagen inferior, que recoge los 4 años-luz centrales del CG y la localización del agujero negro SgrA*.

galaxia. Este objeto se denomina SgrA*, y parece ser la fuente de luz astronómica en torno a la cual estaría orbitando el gas ionizado. Todo indica que es el agujero negro central de la Vía Láctea. Puede verse en la imagen inferior de la página anterior.

NUESTRO AGUJERO NEGRO

Desde su descubrimiento en longitudes de onda de radio, SgrA* era el candidato natural a ser el agujero negro supermasivo del centro de nuestra galaxia, dado que era un objeto compacto y se encontraba en su centro dinámico. Sin embargo, tenía ciertas propiedades que lo hacían diferente: comparado con los agujeros negros de otras galaxias, era demasiado débil. De hecho, con su luminosidad no se detectaría si estuviera situado en una galaxia muy lejana. Una tan baja emisión solo puede obedecer a que se trata de un agujero negro no muy voraz. Un agujero negro supermasivo se alimenta, por término medio, con la masa de un sol por año, y sin embargo SgrA* se alimenta tan solo con una cienmilésima de esa dieta. Y existe un problema adicional: la eficiencia con la que la materia que cae sobre SgrA* es transformada en luz es muy baja, muy por debajo de lo que ocurre en los grandes monstruos que residen en el centro de otras galaxias.

Por ello, a lo largo de las últimas décadas se han dedicado enormes esfuerzos observacionales a tratar de confirmar que SgrA* es un agujero negro. Y los principales resultados observacionales han venido de dos técnicas: el estudio de la dinámica de las estrellas en la vecindad de SgrA* y el estudio de SgrA* con la técnica de interferometría de muy larga base (VLBI, por sus siglas en inglés).

SgrA* se encuentra en el centro del cúmulo estelar más denso de la Vía Láctea, con una densidad un millón de veces superior a la existente en la vecindad solar. Las estrellas más próximas a SgrA*, situadas a distancias de hasta 10 días-luz, sufren la influencia de su campo gravitatorio, de modo que determinando sus movimientos propios en el plano del cielo y usando

RESOLUCIÓN ANGULAR DE UN TELESCOPIO

Se denomina *resolución angular* a la capacidad de detalle que tiene un telescopio cuando se observa con él un objeto astronómico. Es lo que coloquialmente se califica como «nitidez» de la imagen. Es una magnitud angular. Dependiendo de la distancia a la que se encuentra el objeto, variará la resolución lineal de la imagen, que es el tamaño del detalle más pequeño que se puede distinguir inequívocamente en ella. Suponiendo que la influencia de la atmósfera haya sido corregida, la resolución angular puede estimarse como el cociente entre la longitud de onda de observación y el diámetro del telescopio: la resolución angular mejora conforme disminuye la longitud de onda o conforme aumenta el diámetro del telescopio. Para hacernos una idea: si observamos en el rango visible a una longitud de onda de 500 nanómetros con un telescopio de 2 m se alcanzaría una resolución angular de 50 milisegundos de arco. Si estuviéramos observando en ondas de radio a una longitud de onda de 4 cm, los diámetros requeridos para alcanzar las mismas resoluciones angulares serían telescopios (o en su caso radiotelescopios) con diámetros de 160 km.

Los astrónomos buscan en sus observaciones la mejor resolución angular para captar más detalles de los objetos astronómicos. A modo de ejemplo pueden verse imágenes de Júpiter con diferentes resoluciones angulares, mostrando la imagen inferior mucha mejor nitidez.

La alternativa: unir fuerzas

Construir instrumentos así de grandes es imposible, por lo que se recurre a una solución alternativa que es la interferometría. Esta técnica permite construir instrumentos virtuales de hasta decenas de miles de kilómetros mediante la estrategia de observar un objeto astronómico simultáneamente por instrumentos separados por esas distancias, y combinar la señal procedente de cada uno de ellos. En ondas de radio se pueden combinar instrumentos separados por miles de kilómetros, mientras que en el óptico y el infrarrojo se limita a distancias de cientos de metros.

los principios de la gravedad, es posible obtener una cota para la masa de SgrA*.

Gracias a que se dispone de imágenes de gran nitidez de las regiones centrales del centro galáctico, se han podido determinar los movimientos propios de las estrellas en la vecindad de SgrA*. Son muy rápidos, de alrededor de varios cientos de kilómetros por segundo. Se encontró un resultado adicional, muy importante desde el punto de vista de la física: la velocidad media de las estrellas aumenta conforme más próximas se encuentran a SgrA*, y lo hacen como el inverso de su distancia. Esto lo predecía ya la ley de Kepler y es lo que sucede con los planetas del sistema solar en sus órbitas en torno al Sol. Este comportamiento sugiere que las estrellas se mueven bajo la influencia gravitatoria de un objeto masivo y compacto.

En las primeras épocas de observación, en el infrarrojo cercano no se detectaba a SgrA*. Sin embargo, cuando se medía la posición en torno a la cual las estrellas estaban describiendo sus órbitas, coincidía con su posición obtenida mediante ondas de radio. Era una prueba indirecta clave de que SgrA* era un excelente candidato a ser el agujero negro central de la Vía Láctea.

A lo largo de los últimos años se han podido medir las órbitas de más de una decena de estrellas. Dos de ellas han completado su órbita: la estrella S02 (también conocida como S2) lo hace en menos de dieciséis años y llega a estar a una distancia de 17 horas-luz (124 UA) de SgrA*; la estrella S0-102 completa su órbita en 11,2 años y llega a estar a distancias similares. Pueden verse en la figura 2. A partir de todas estas medidas, y utilizando las leyes de Kepler, se ha establecido que la masa de SgrA* es de unos 4 millones de veces la masa del Sol. Y que dicha masa se concentra en una región inferior a 15 horas-luz, por lo que se trata inequívocamente de un agujero negro, el más cercano a nosotros de entre todos los supermasivos.

No debe olvidarse que en la Vía Láctea se han encontrado también otros agujeros negros, pero de masas estelares. Son el resultado de la muerte de estrellas muy masivas, como se ha descrito en el capítulo 2. De hecho, hay varios de ellos no muy lejos del centro de la galaxia: tienden a concentrarse en el plano

FIG. 2

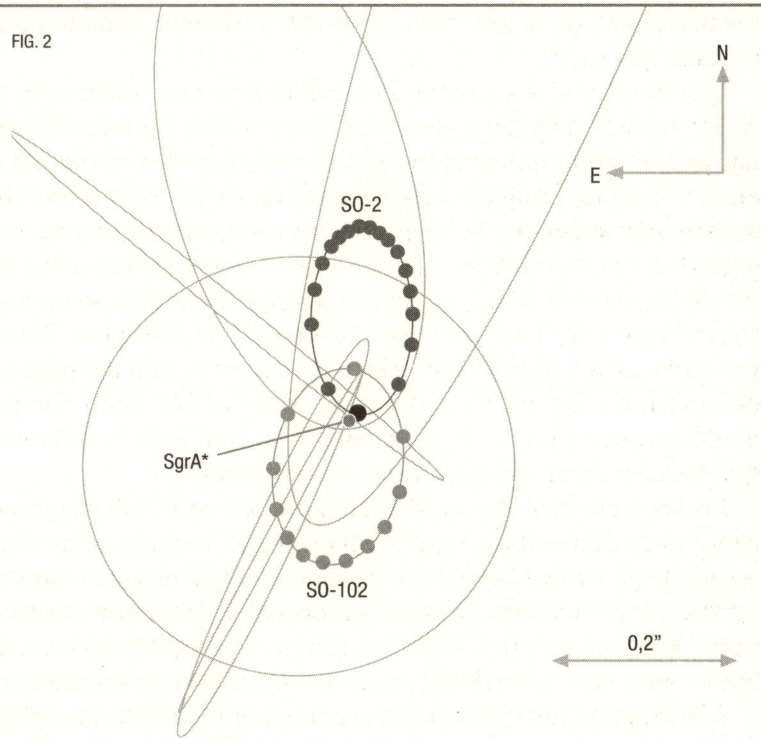

Órbita de las estrellas SO-2 y SO-102 en torno a SgrA*.

galáctico. Pero es SgrA* el único de efectos «globales» sobre la Vía Láctea: es el objeto responsable de proporcionar la gravedad suficiente para mantenerla unida en su totalidad.

Observaciones con VLBI de SgrA*

Tal y como se ha descrito a lo largo de este capítulo, en el centro de nuestra galaxia hay mucho gas y polvo concentrados. Esta especie de «velo» intercepta la radiación emitida desde allí en la banda de la luz visible, impidiendo que llegue hasta nosotros. Debido a ello, las observaciones de esta zona deben hacerse en las bandas del espectro electromagnético capaces de traspasar dicha barrera. Y este es el caso de las ondas de radio.

Cuando se observa un objeto astronómico a longitudes de ondas de radio, existe una técnica que permite mejorar de manera espectacular la capacidad de detalle de las observaciones, siempre y cuando dicho objeto sea lo bastante brillante en el cielo: es, como ya hemos mencionado, la interferometría de muy larga base, VLBI. Consiste en observar simultáneamente un objeto astronómico con distintos radiotelescopios distribuidos en la superficie terrestre, situados a distancias de miles de kilómetros. Las señales que capta cada uno de los radiotelescopios individuales pueden combinarse entre sí, de forma que es como si observáramos el objeto con un radiotelescopio del tamaño de la distancia que los separa, es decir, un radiotelescopio de miles de kilómetros. Con la técnica de VLBI se logran resoluciones angulares mejores que un milisegundo de arco.

A lo largo de los últimos años se han realizado observaciones de SgrA* con la técnica de VLBI para obtener imágenes con la mayor nitidez posible. Con observaciones realizadas a una longitud de onda de 1,3 cm, se pudo obtener una imagen de SgrA* con un detalle del orden del milisegundo de arco. Las observaciones mostraron que en el centro de la Vía Láctea había un objeto compacto con un tamaño de 2,5 milisegundos de arco, que corresponde a un tamaño lineal de 12 UA. El resultado es fundamental: en el mismo centro de la Vía Láctea hay un objeto compacto más pequeño que 12 UA: SgrA*. Como a partir de las medidas de las órbitas de estrellas situadas a distancias de hasta 110 UA se había determinado que en el interior de SgrA* había una masa de 4 millones de soles, los resultados radiointerferométricos permitían conocer que esa masa está concentrada en una región menor de 12 UA, una región de tamaño inferior al del sistema solar.

Para caracterizar con mayor precisión a SgrA*, se han ido realizando nuevas observaciones de VLBI a longitudes de onda más cortas, en el rango de las ondas milimétricas. De esta forma, se aumenta la nitidez de las imágenes y se mejora la determinación de su tamaño. Observaciones de VLBI con longitudes de onda todavía más cortas establecieron que el tamaño intrínseco de SgrA* a estas longitudes de onda es inferior a 1 UA. En consecuencia, los 4 millones de masas solares se encuentran concentrados en un espacio menor que la distancia entre la Tierra y el Sol.

> Debido a que las aplicaciones prácticas [del agujero negro] son tan remotas, muchas personas asumen que no deberíamos estar interesados. Pero esta búsqueda de entender el mundo es lo que nos define como seres humanos.
>
> **Yuri Milner, físico y emprendedor ruso**

Pero todavía se ha podido observar SgrA* con mayor nitidez. En 2013 se realizaron observaciones de VLBI a 1,3 mm que mostraron que SgrA* tiene un tamaño inferior a 0,4 UA, que para su masa corresponde a valores de 4 radios de Schwarzschild aproximadamente.

Las observaciones de SgrA* con VLBI están ya muy próximas al agujero negro, a las regiones que corresponden a la última órbita estable (recordemos que es la última órbita donde el material puede girar en torno al agujero negro sin caer en él). De hecho, en los próximos años podrá observarse con VLBI a longitudes de onda submilimétricas (0,85 mm) y entonces cabe esperar que las observaciones muestren de verdad la última órbita estable en torno al agujero negro. Es importante remarcar que, dadas su masa y su proximidad, SgrA* es el único agujero negro supermasivo al que será posible acercarse tanto con las observaciones, alcanzando escalas de un radio gravitacional.

El material más próximo a SgrA* está orbitando prácticamente a la velocidad de la luz y está sintiendo los efectos extremos de la relatividad general. Las teorías predicen que incluso los rayos de luz emitidos desde las inmediaciones de SgrA* se curvan por el efecto de la gravedad. Al curvarse, no llegan hasta el observador y producen una sombra del propio objeto. Las imágenes deberían mostrar una zona brillante junto a otra oscurecida, correspondiente a su sombra. Ello implica que las imágenes obtenidas con observaciones de VLBI a longitudes de onda muy cortas (submilimétricas) permitirán determinar la existencia (o no) de esa sombra y confirmar los principios de la teoría de la relatividad general de Einstein en condiciones extremas. A la red interferométrica encargada de realizar estas observaciones se

ALBERT EINSTEIN

Einstein es quizás el científico más conocido del siglo xx. Su compleja personalidad estuvo influida sin duda por las circunstancias históricas del periodo en que le tocó vivir. Se pronunció públicamente sobre los temas de interés social, estando a favor del pacifismo, del socialismo democrático, de la libertad individual... Nació alemán, en 1879, y murió estadounidense, en 1955, en Princeton, donde finalizó su carrera académica como docente en el Instituto de Estudios Avanzados.

Teorías que transformaron el mundo

Su carrera como investigador es extraordinaria. En 1905, publicó la teoría de la relatividad especial, basada en dos principios fundamentales: la velocidad de la luz es constante para cualquier observador y las leyes de la física son invariantes para observadores que se mueven a velocidad constante uno con respecto al otro. Estos dos principios básicos dieron lugar a las leyes de transformación y explicaron los fenómenos de la dilatación del tiempo y de la contracción de la longitud entre los referenciales. Como efecto directo de esta teoría se probó la equivalencia entre masa y energía, que tantas consecuencias tendría para el futuro de la física. En el año 1905 también publicó otros dos resultados fundamentales: el efecto fotoeléctrico y el movimiento browniano. El primero consiste en la emisión de electrones cuando se hace incidir la luz sobre una placa metálica. El descubrimiento del efecto fotoeléctrico trajo, como consecuencia, la propuesta de Einstein de que la luz está formada por cuantos, un número finito de partículas denominadas *fotones*. Ello suponía, además, que los sistemas físicos presentaban un doble comportamiento, como onda o como corpúsculo, principio que constituiría la base de la física cuántica. Estos resultados le valieron el premio Nobel de Física en 1921. El otro gran hallazgo de 1905 fue la descripción matemática del movimiento browniano, que hace referencia al movimiento aleatorio que presentan algunas partículas microscópicas cuando se encuentran disueltas en un medio fluido. Einstein desarrolló una teoría matemática completa capaz de explicar los resultados basándose en la mecánica estadística y en la teoría cinética de los fluidos. Supuso un apoyo definitivo a la existencia de los átomos, las unidades elementales de la materia.

El espacio y el tiempo se unen

El año 1905 está considerado el *annus mirabilis* del científico alemán por la cantidad y brillantez de los resultados que publicó, si bien 1915 también fue de excepcional importancia, pues fue entonces cuando publicó los principios de la relatividad general: la gravedad pasa de ser una fuerza a distancia a una consecuencia de la curvatura de una nueva entidad que es el espacio-tiempo (un nuevo escenario en el que se producen todos los sucesos físicos del universo, verificándose los principios de la relatividad general). Estos principios supusieron una base fundamental para el desarrollo de la cosmología. Una de las consecuencias de la relatividad general es la curvatura de los rayos de luz cuando pasan cerca de un cuerpo masivo, como por ejemplo la luz procedente de las estrellas al pasar cerca del Sol. El legado de Einstein se mide no solo por lo que hizo sino por lo que inició y sugirió. Murió trabajando sobre la unificación de las grandes fuerzas de la naturaleza, una tarea que a día de hoy sigue pendiente.

Arriba, Einstein durante una conferencia en Viena en 1921, año en el que le fue concedido el premio Nobel. Los cambios que las teorías de Einstein provocaron en el avance del conocimiento científico de su época y en la sociedad en general fueron de tal magnitud que la revista *Time* llegó a considerarlo el personaje más influyente del siglo xx.
Abajo, Einstein recibe del juez Phillip Forman su certificado de ciudadano estadounidense (1940).

la conoce como *telescopio del horizonte de sucesos* (en inglés, *Event Horizon Telescope*).

Las observaciones interferométricas proporcionan una confirmación experimental muy importante: la posición de SgrA* se ha medido con gran precisión a lo largo de las últimas décadas con relación a la posición de diversos quásares. Estos quásares se encuentran a gran distancia, por lo que su movimiento propio es despreciable, de modo que se convierten en un sistema de referencia muy adecuado y estable para medir la posición de SgrA*. Los resultados confirman la estacionariedad de SgrA*, que es lo que cabría esperar para el agujero negro en el centro de la Vía Láctea. Se confirma de este modo que el agujero negro marca el centro dinámico, el motor central de nuestra galaxia.

Otra propiedad importante que presenta SgrA* es que su emisión varía con el tiempo y lo hace en escalas temporales muy cortas. SgrA* se ha detectado tanto en el infrarrojo cercano como en rayos X, y se ha comprobado que su emisión parece variar de forma periódica, con un periodo típico de decenas de minutos. Utilizando un argumento muy sencillo de causalidad, que indica que si la luz proviene del mismo objeto emisor durante el periodo de variación, el tamaño del objeto debe ser menor que el espacio recorrido por la luz durante ese tiempo, se concluye de una forma independiente que el tamaño de SgrA* debe ser inferior a 100 minutos-luz, lo que corresponde a unas 10 UA, en perfecto acuerdo con las medidas obtenidas por VLBI.

Si se compara la luminosidad de SgrA* con la de otros agujeros residentes en el centro de galaxias, los cuales tienen masas de 100 a 1 000 veces la masa de aquel, se concluye que es relativamente poco luminoso. Tiene elementos comunes con ellos: el disco circumnuclear de material molecular que sirve de depósito de alimento para el agujero negro central; los brazos de gas ionizado que son atraídos por el campo gravitatorio del agujero negro y conducen el alimento hasta sus proximidades; el objeto compacto en su interior... Pero también tiene diferencias: no vemos un chorro (técnicamente conocido como jet) de material expulsado, ni tampoco vemos imágenes del disco de acrecimiento de material cayendo hacia el interior, aunque sí deducimos su presencia a partir de la forma en que varía la energía proveniente de los alrededores de SgrA*. Cuando el objeto supermasivo central de una galaxia, como es el caso del de la Vía Láctea, coexiste físicamente con regiones donde se están formando nuevas estrellas, tiende a ser menos luminoso. Es como si los procesos de formación de nuevas estrellas limitaran o inhibieran su alimentación, haciendo que tuviera menos masa y emitiera menos luz.

Y es que no debemos olvidar que nuestro agujero negro «pasa hambre»; poco alimento cae hacia su garganta. ¿Puede haber algo que le permita darse un empacho y aumente su brillo? Si existieran nubes de gas que se aproximaran hacia el corazón de la galaxia y que fueran atraídas y capturadas por SgrA*, las observaríamos desgarrándose y con un aumento enorme de su brillo. Pueden verse cuatro secuencias de la simulación de este desgarro en la imagen de la pág. 119. Los grandes telescopios que se están construyendo hoy en día permitirán estudiar estos fenómenos con notable detalle durante los próximos años.

¿Son muy densos los agujeros negros? Considerando el caso de SgrA*, hoy se sabe que hay una masa de 4 millones de veces la del Sol en una zona que mide menos de 0,3 UA. El enorme campo gravitatorio que siente la materia que cae hacia la región central proviene de la enorme concentración de masa. Pero si se calculara la densidad del agujero negro, suponiendo que la materia se distribuye de forma uniforme dentro de su horizonte, se comprobaría que es inferior a la densidad del agua (1 g/cm^3).

GALAXIAS Y AGUJEROS NEGROS SUPERMASIVOS: UN DELICADO EQUILIBRIO

El conocimiento de la física de las galaxias ha avanzado enormemente en los últimos años gracias a la disponibilidad de imágenes y de datos de toda índole (fotométricos y espectroscópicos) en todo el rango del espectro electromagnético, de modelos teóricos muy avanzados y de simulaciones numéricas muy detalladas. Pese a todo, no se conoce con precisión cuál es el mecanismo que conduce a su formación. Se sabe que los ingredientes básicos que intervienen son:

1. Un conjunto inicial (espectro) de fluctuaciones de densidad en el universo primitivo (grumos con una densidad un poco más elevada en una sopa uniforme).

2. La gravedad como motor (la gravedad amplifica los grumos iniciales).

3. La materia oscura.

Tomando en consideración argumentos teóricos y observaciones recientes, parece que las fluctuaciones de masa más pequeñas irían colapsando para dar lugar a estructuras mayores. Sin embargo, todavía se desconocen los periodos temporales de la formación de las grandes estructuras, periodos que dependerán fuertemente de los detalles del modelo cosmológico (el estudio del origen, la evolución y el destino del universo). Por ello, nuestra comprensión del proceso de formación de las galaxias es todavía incompleta. Las observaciones más profundas obtenidas con los telescopios más sensibles han demostrado que ya existían galaxias 480 millones de años después del Big Bang. Y se sabe también que en sus épocas más tempranas el universo era muy violento y que las galaxias crecieron muy rápidamente debido a la acreción de otras muy pequeñas.

Se conoce también que todas las galaxias pueden contener en su interior un agujero negro. En la mayoría de ellas parece estar dormido o inactivo. Todavía no está claro cómo pudo formarse este agujero negro supermasivo en el centro de ellas. Algunas teorías parecían apuntar a que la formación de los agujeros negros antecedía a la formación de las galaxias. Sin embargo, otras sugieren que el agujero y la galaxia tendrían un origen y una evolución comunes, de manera que, al tiempo que la galaxia fuese creciendo, el agujero negro iría incorporando masa y devolviendo energía a la galaxia. Llevarían de este modo un destino paralelo. Esta relación íntima entre la galaxia y el agujero negro

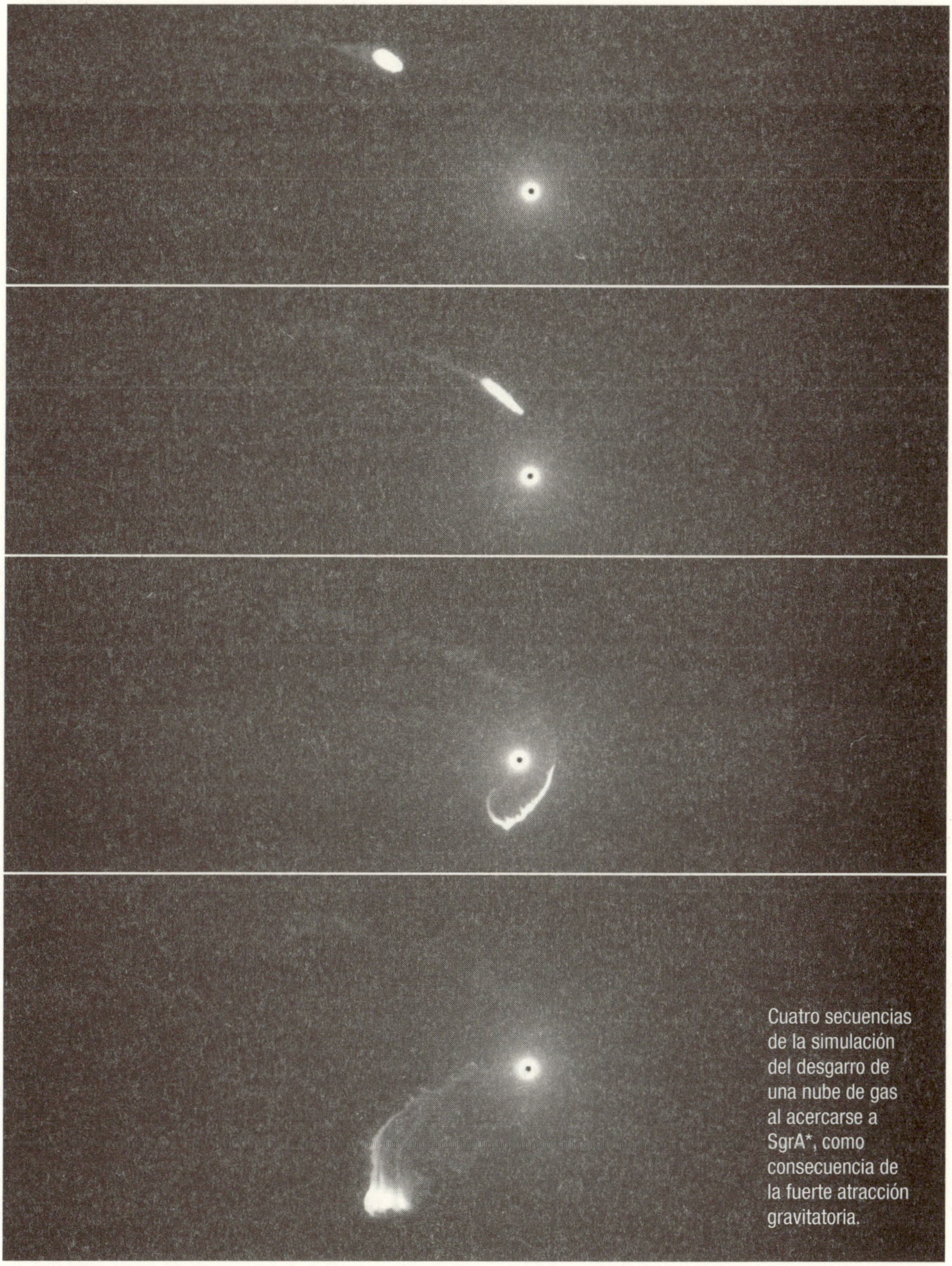

Cuatro secuencias de la simulación del desgarro de una nube de gas al acercarse a SgrA*, como consecuencia de la fuerte atracción gravitatoria.

se ha visto apoyada por un resultado reciente: la masa total de estrellas y la dispersión de velocidades son directamente proporcionales a la masa del agujero negro central.

Los agujeros negros supermasivos mantendrían unida la galaxia, pero ¿por qué no colapsa? La fuerza que se le opone está asociada con el movimiento de las estrellas en el seno de la galaxia, cada una de ellas con una órbita diferente, lo que produce una distribución de velocidades variada, con un efecto dispersivo, que es capaz de compensar la atracción gravitatoria y mantener el equilibrio.

Una imagen bastante fidedigna de una galaxia espiral sería la de una estructura formada por gas y estrellas concentrados en un disco plano y esencialmente circular. Una galaxia espiral contiene unos 100 000 millones de estrellas y un 10% de masa adicional en forma de gas en una región de unos 100 000 años-luz de diámetro. Las estrellas y el gas están describiendo órbitas circulares, compensando la atracción gravitatoria del agujero negro central con la fuerza centrífuga (dependiente de la velocidad orbital). Una estrella cualquiera tardaría unos 200 millones de años en completar una órbita alrededor del agujero negro central, con una velocidad promedio de 200 km/s. Eso significa que, una galaxia con una edad típica de 10 000 millones de años, habría completado ya unas 50 órbitas en torno a su centro dinámico. En el caso de la Vía Láctea, se ha podido medir con extremada precisión que el periodo de rotación del Sol alrededor de SgrA* es de 226 millones de años, con un movimiento propio de 198 km/s.

Existe un tipo particular de galaxias que se denominan *galaxias activas*. Se caracterizan por tener un núcleo central (el denominado *núcleo activo de la galaxia*, *AGN* por las siglas del término en inglés) que brilla hasta el punto de poder llegar a ser más luminoso que el resto de la galaxia que lo alberga. Los AGNs presentan rasgos que los distinguen de otros núcleos galácticos:

— Emiten enormes cantidades de energía, excediendo la emisión del resto de estrellas de la galaxia por un factor superior a 100. Además, los episodios de actividad pueden durar millones de años.

— Su emisión se extiende a lo largo de todo el espectro de energías, como puede verse en la figura 3. Como se aprecia, los AGNs emiten cantidades de energía similares en todo el espectro electromagnético. Las estrellas y el gas tienden a concentrar su emisión en determinados rangos del espectro, dependiendo de la temperatura a la que se encuentren. Así, la emisión del polvo aparece en las ondas milimétricas, y las estrellas con temperatura muy alta emitirán en rayos X, pero los AGNs presentan emisión en todo el ancho del espectro electromagnético.

— Son fuentes muy compactas. Se conoce que es así gracias a que la luz que emiten es extremadamente variable, con escalas temporales de meses, días e incluso horas. Como he-

FIG. 3

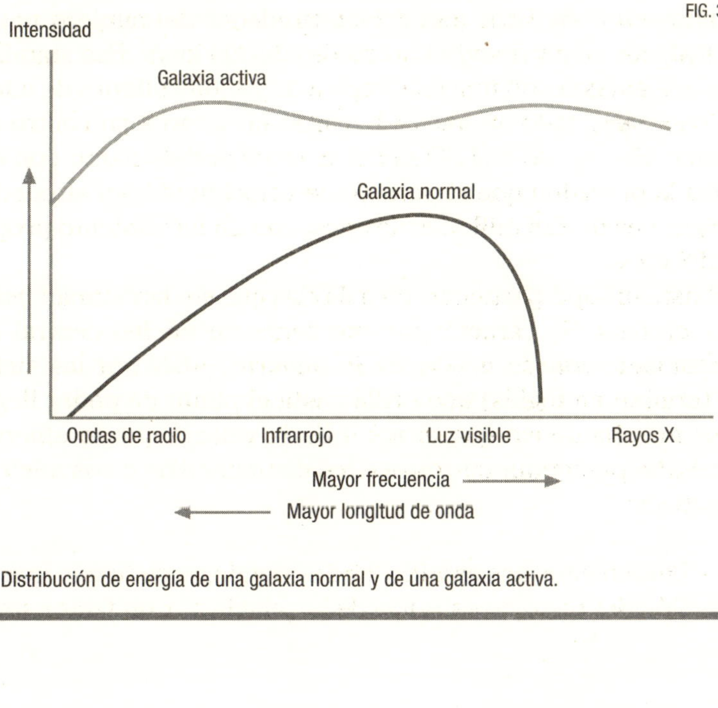

Distribución de energía de una galaxia normal y de una galaxia activa.

mos visto, estas escalas de tiempo de variabilidad imponen un límite superior al tamaño de la fuente emisora: debe ser menor que la distancia que ha recorrido la luz durante ese intervalo de tiempo característico. Este argumento sitúa el tamaño de los AGNs por debajo de las horas-luz, es decir, más o menos el tamaño del sistema solar.

— En la vecindad de los AGNs existe gas que se mueve a velocidades muy altas, de unos 10 000 km/s, resultado que se ha podido medir a partir del desplazamiento por efecto Doppler de las líneas espectrales del gas emisor.

La existencia de un agujero negro supermasivo en el interior de estos AGNs explicaría de forma natural sus propiedades: emiten gran cantidad de energía, que estaría asociada con procesos gravitatorios vinculados a la materia que sería atraída y acretada hacia el agujero negro y la emisión cubriría todos los rangos del espectro electromagnético, tal como veremos en las páginas siguientes. La presencia de este agujero negro supermasivo da lugar a la formación de discos de gas y polvo girando en torno a él. Cuanto más cerca se encuentra del agujero negro esta materia, mayor es su temperatura y emite luz en diferentes regiones del espectro electromagnético; las velocidades muy altas del gas en las proximidades del agujero negro son una consecuencia del campo gravitatorio; su compacidad es el resultado natural de considerar la velocidad de escape igual a la velocidad de la luz.

Falta un ingrediente fundamental: parte del material del disco acaba siendo triturado por el agujero negro. Atraviesa el horizonte de sucesos y desaparece definitivamente. Pero una pequeña parte del material del disco es extraído y expulsado en forma de unos jets o chorros que se propagan desde las regiones más internas del disco hasta distancias de millones de años luz. Pueden verse en la imagen de la página contigua. La formación de estos chorros tiene que ver con otro ingrediente fundamental en la física de los agujeros negros: la presencia de campos magnéticos.

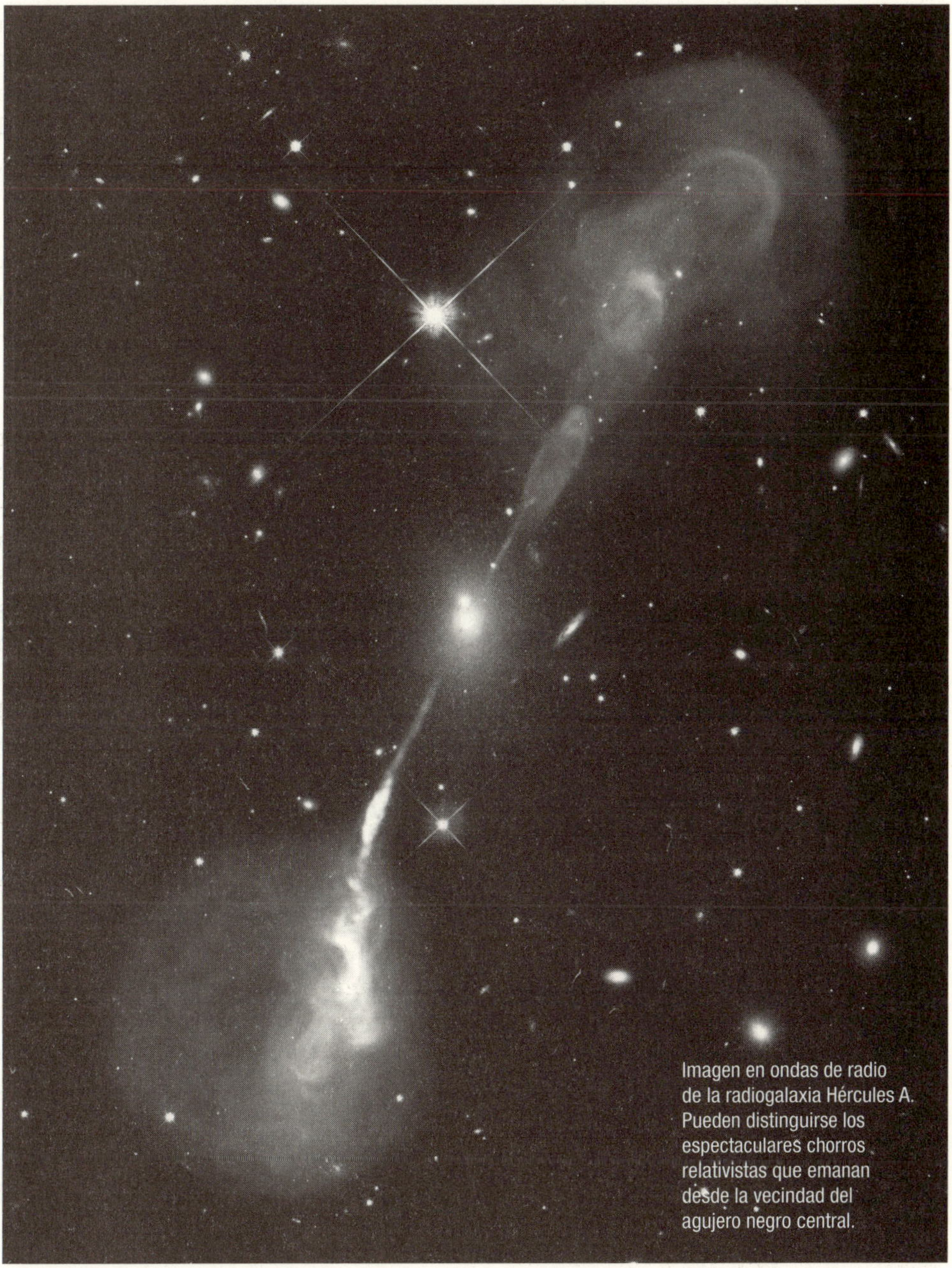

Imagen en ondas de radio de la radiogalaxia Hércules A. Pueden distinguirse los espectaculares chorros relativistas que emanan desde la vecindad del agujero negro central.

ANATOMÍA DE UN MONSTRUO

En la página contigua se muestra una recreación de la anatomía de un agujero negro, donde puede verse que la emisión está estratificada a diferentes longitudes de onda según la temperatura de la región emisora. Las regiones más internas del disco giran a mayor velocidad (la velocidad aumenta de forma inversamente proporcional a la raíz cuadrada de su distancia al agujero negro, lo que se conoce como *rotación diferencial*). Como el material del gas rota a diferentes velocidades, las diferentes capas se rozan entre sí, produciéndose un calentamiento. Ese calor se libera en forma de energía, tanto más caliente y más energética cuanto más cerca se encuentre dicho material del agujero negro central.

Se podría realizar una tomografía del disco, al modo que lo hacen los aparatos médicos con el interior de un ser vivo, permitiendo trazar las diferentes regiones según su emisión en el espectro de luz. Yendo desde las regiones externas hacia el interior, el disco de acrecimiento comienza a formarse a una distancia de unos 10 años-luz, donde el disco está esencialmente formado por gas y polvo a baja temperatura.

Profundizando un poco más en el disco, hasta distancias del agujero negro de 0,5-1 años-luz, se encuentra una región de gas y polvo ya tibio (de entre 40 y 60 K, frente a los 20 K del gas molecular) que emite principalmente en el infrarrojo. Cuando se habla de polvo se habla de partículas sólidas, del tamaño de la micra, que se forman en las envolturas de las estrellas y que enriquecen el medio externo en las explosiones de las estrellas masivas como supernovas.

A distancias inferiores a 0,1 años-luz, las temperaturas son ya tan altas (unos 1 500 grados) que todo el polvo se evapora. Se produce la sublimación de sus partículas, pasando directamente de estado sólido a gaseoso. A estas escalas, la emisión es debida al gas a altas temperaturas y se detecta sobre todo en el rango visible y el ultravioleta. Son regiones con un tamaño parecido al de un sistema planetario, pero con una emisión muy superior a la generada por la suma de todas las estrellas de la

DISECCIÓN DE UN AGUJERO NEGRO

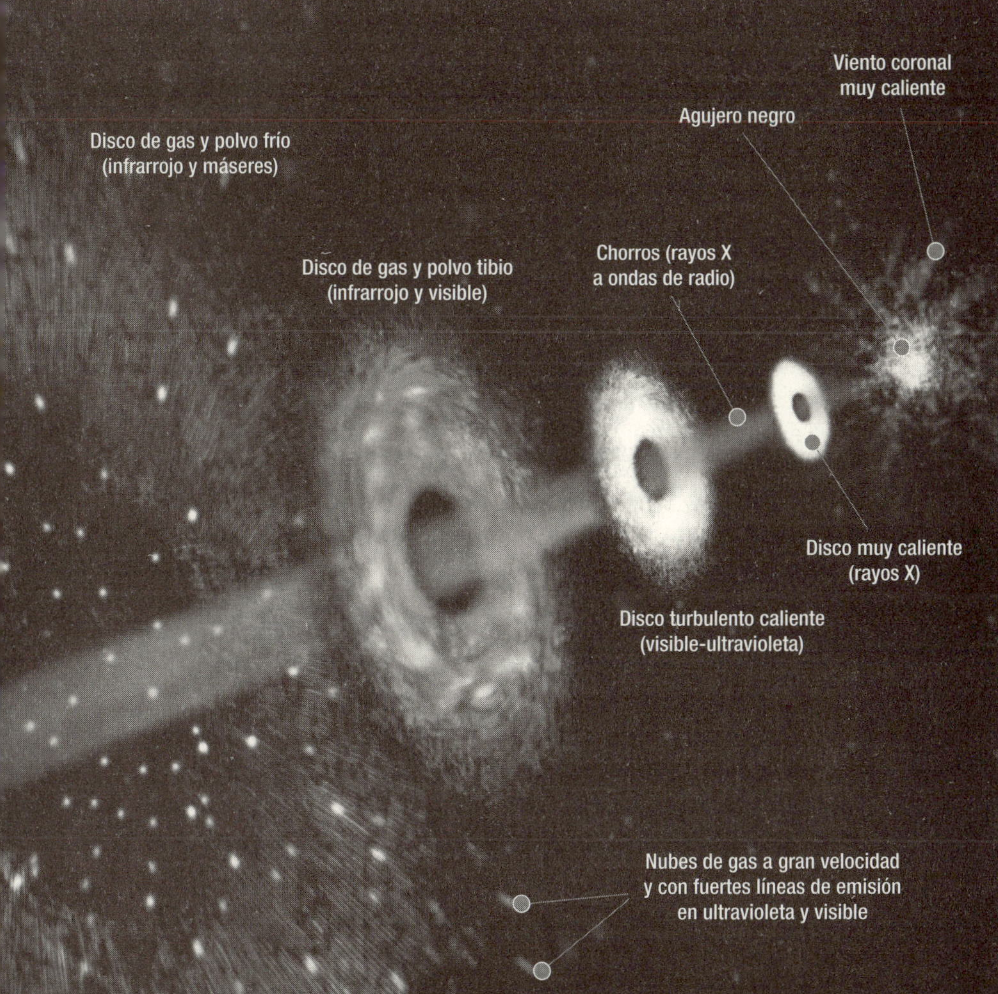

LA MAQUINARIA
La imagen muestra, a modo de despiece, un núcleo activo de galaxia. Incluye el agujero negro central así como el disco de acreción y los chorros o jets. También se indican algunos tipos de emisiones.

ROGER PENROSE

Roger Penrose nació en 1931 en la ciudad de Colchester, Inglaterra, en el seno de una familia de biólogos y médicos. Eran cuatro hermanos, de los cuales el primero era físico, el segundo se dedicaba con entusiasmo al ajedrez, y una tercera hermana no tenía una vocación clara, por lo que sus padres veían en el joven Roger la gran y única esperanza de que se dedicara a la biología. Sin embargo, Penrose mostró desde muy joven una fuerte inclinación hacia las matemáticas. Su padre, para intentar frenar su vocación, se puso en contacto con un profesor del University College de Londres, proponiéndole que le preparara un examen dificilísimo para su hijo, de modo que fallara en la resolución de los problemas y se sintiera profundamente desmotivado. Pero el joven Penrose supo resolver los doce problemas y su padre no tuvo otra opción que ceder. En pocos años, su carrera científica se fue inclinando hacia la física y la astrofísica.

Roger Penrose durante una conferencia celebrada en la ciudad india de Calcuta en 2011.

Interesado en los agujeros negros

Penrose hizo una aportación fundamental en la física de los agujeros negros a través de la combinación de la geometría y la topología. Aprovechándose de su excelente formación matemática, Penrose aportó dos principios fundamentales. En primer lugar, estableció la necesidad de que un agujero negro tenga una singularidad. Planteó además la conjetura de la censura cósmica, que establece que «no se puede formar una singularidad desnuda. Si se forma una singularidad, debe de estar protegida por un horizonte, de modo que no podamos verla desde el universo externo». La presencia de singularidades desnudas implicaría que podrían ser observadas desde cualquier otro lugar del espacio-tiempo y, por lo tanto, la física podría perder la capacidad predictiva y rompería el principio de causalidad que establece que la causa precede al efecto. Penrose finalizó su carrera científica como *Full Professor* en la Universidad de Oxford. A lo largo de sus años de carrera abordó el tema de la espinosa relación entre la relatividad general y la mecánica cuántica, fundamental para establecer las condiciones de la gravedad cuántica que gobernarían las regiones más próximas a la singularidad.

galaxia. De hecho, cuando se observa la luz que emiten las galaxias activas se ve que tienen una componente muy importante en el ultravioleta.

En las regiones más internas del disco (tamaños de 0,12 días-luz, 3 horas-luz) el gas alcanza temperaturas de millones de grados, de modo que emitirán en rayos X. El gas tendrá que orbitar a velocidades cada vez mayores para mantener una órbita estable en torno al agujero negro y no ser tragado por este. Cuando la velocidad que necesite para contrarrestar a la gravedad sea la de la luz, ya no podrá mantener una órbita estable y caerá irremediablemente hacia el agujero negro. Pero la emisión en rayos X no vendrá tan solo de las regiones más calientes del disco: como sucede en el Sol, alrededor del disco se forma una especie de atmósfera con un gas caliente y turbulento —a modo de la corona solar— que emite luz en rayos X.

Pero no todo el material del disco acaba consumido en forma de alimento del agujero negro, sino que parte del material acaba siendo arrancado del disco y eyectado en forma de chorros o jets, que son uno de los fenómenos más espectaculares de la naturaleza. Tal y como se mostró en el caso de los microquásares, estos chorros tienen un tamaño mucho mayor que el de las galaxias que los albergan y su presencia constituye una de las pruebas fundamentales de la existencia de un fluido relativista. ¿De dónde toman la energía? Como se comentó en el segundo capítulo de este libro, Penrose dio una solución: parte de la energía rotacional del material del disco de acreción en rotación se almacena en la ergosfera y puede ser reutilizada para extraer material del agujero negro.

Y hay un ingrediente también esencial: dadas las altas temperaturas, el gas se encuentra ionizado y, por consiguiente, existen cargas eléctricas en movimiento —corrientes eléctricas— generando campos magnéticos. Sucede algo similar a lo que ocurre en el interior de nuestro planeta: el campo magnético terrestre está producido fundamentalmente por las corrientes eléctricas que se dan en el núcleo de la Tierra, que presenta naturaleza líquida, pues está compuesto de hierro fundido altamente conductor.

Los chorros relativistas

La formación y evolución de estos grandes chorros de partículas requieren de la participación de tres ingredientes básicos: el agujero negro supermasivo, el disco de acreción que lo alimenta y los campos magnéticos. Lo que sí es claro es que la velocidad del material que forma los chorros es cercana a la velocidad de escape del sistema. Tratándose de un agujero negro, la velocidad de escape es la velocidad de la luz, por lo que el plasma que forma los chorros relativistas debe viajar a velocidades muy cercanas a ella.

Cuando se trata de entender cómo funcionan estos grandes chorros de emisión, hay que responder a tres preguntas:

1. ¿Existe un mecanismo capaz de producir un chorro bidireccional, con una orientación bien definida?

2. ¿Existe una fuente de energía que acelere las partículas hasta velocidades relativistas?

3. ¿Existe un mecanismo físico capaz de concentrar el plasma que se ha eyectado en un haz muy estrecho?

Responder a la primera pregunta es sencillo: los chorros tienen que surgir en una dirección marcada por el eje de rotación del disco de acrecimiento.

Para responder a la segunda y a la tercera preguntas, hay que recurrir a la presencia de un campo magnético. Dado que el chorro está formado por partículas cargadas en movimiento, la presencia de campos magnéticos está asegurada.

Las líneas del campo magnético, cuando cruzan el disco de acreción, son forzadas a rotar con el propio disco. Por lo tanto, las partículas que forman el plasma —situadas a ambos lados del disco— son forzadas a rotar con las líneas de campo y expulsadas hacia el exterior. Este fenómeno se muestra en la figura 4. Lo que sucede es que las líneas de campo magnético son muy testarudas y quieren recuperar su orientación original. Así se forma

FIG. 4

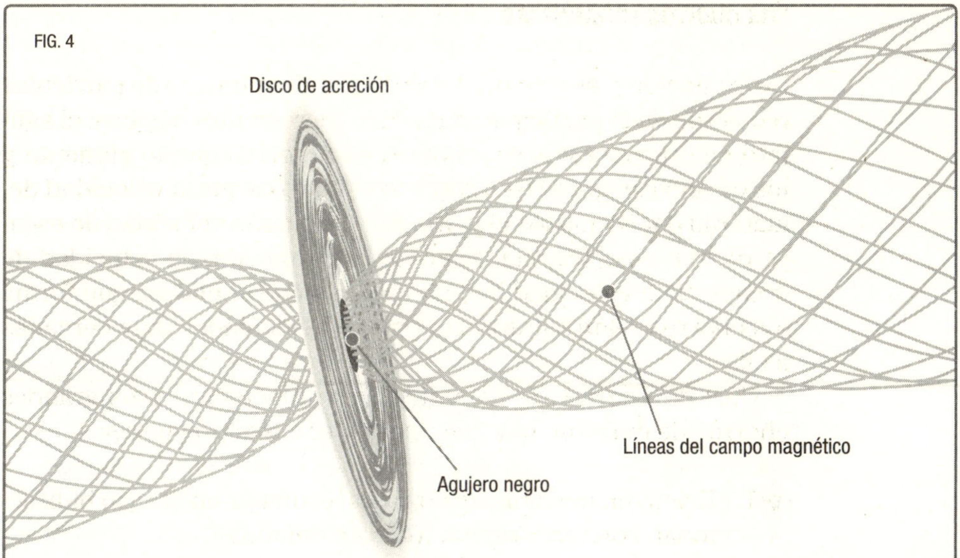

Esquema de la formación y colimación de un chorro relativista.

un campo magnético que tiene forma de hélice, convirtiéndose en lo que se denomina un *campo helicoidal*.

Y pueden hacerlo hasta que se cierran las líneas. En este momento, el campo magnético deja de ser «informal» y de oponerse a ser arrastrado por el plasma, y tiende a comprimir y afinar el chorro. Este fenómeno produce la colimación del chorro y la aceleración del plasma.

Pero como se ha mencionado con anterioridad, existe un ingrediente adicional: parte de la energía rotacional del agujero negro. La única limitación que tiene un agujero negro es que no puede disminuir su área, su entropía. Como un agujero negro en rotación tiene menor superficie que su equivalente en reposo, el agujero negro podría perder parte de su energía rotacional y transmitirla al material que es eyectado desde sus inmediaciones.

¿Por qué emiten luz las partículas que forman el chorro relativista? Hay distintos mecanismos que pueden producir luz, todos ellos con una firma bien caracterizada. Las estrellas, por ejemplo, emiten luz en longitudes de onda que captan nuestros ojos gracias a las reacciones de fusión nuclear que suceden en su interior. Del mismo modo, el gas muy caliente (¡temperaturas por encima de un millón de grados!) presente en la vecindad del agujero negro emite en rayos X. Las partículas del plasma relativista son aceleradas en presencia del campo magnético que ayuda a formar, colimar y acelerar el chorro. Como resultado de la aceleración, las partículas emiten luz que se denomina *radiación sincrotrón*. Esta radiación sincrotrón tiene la misma naturaleza que la luz que se emite en un acelerador de partículas. La radiación sincrotrón obtenida es muy brillante, mucho más que cualquier otra fuente de luz de laboratorio, y además está colimada, esto es, que forma un haz de luz finísimo de muy baja dispersión angular. Por ello, resulta especialmente útil para estudiar la estructura electrónica de los materiales.

Las partículas que forman los chorros de material viajan a velocidades relativistas y ello hace que se produzcan una serie de efectos físicos que no sucederían en el caso de la física de Newton. Existen situaciones que se ven de manera distinta desde el punto de vista del observador y desde el punto de vista de la propia partícula emisora cuando esta viaja a velocidades relativistas. Las longitudes medidas en la dirección de movimiento de un sistema de referencia con respecto al otro se ven contraídas, mientras que el tiempo entre dos eventos se dilata, de acuerdo con la teoría de la relatividad especial. Ello quiere decir que las velocidades se verán alteradas entre ambos referenciales y de forma diferente, según sean en la dirección de movimiento o perpendicularmente a ella. Esto supone que también cambiará la dirección de movimiento de la luz y los ángulos en que se está emitiendo, produciéndose un efecto que se conoce como *aberración* de la luz. Todas estas leyes de transformación están basadas en el hecho de que la velocidad de la luz debe ser constante en ambos sistemas de referencia. Pueden destacarse una serie de efectos detallados a continuación.

La luz que emite la partícula —la radiación sincrotrón— es emitida en todas las direcciones y con la misma intensidad (técnicamente, se dice que es una radiación isótropa). Sin embar-

LA RADIACIÓN SINCROTRÓN RELATIVISTA

Las partículas relativistas, cuando se encuentran inmersas en un campo magnético, describen una trayectoria en forma de hélice en torno a las líneas del campo magnético (véase la figura). El valor de la velocidad no cambia, pero sí su dirección, del mismo modo que lo hacen, por ejemplo, las agujas del reloj. Por lo tanto, al cambiar la dirección de la velocidad, las partículas se están acelerando. Y las teorías del electromagnetismo indican que las partículas aceleradas emiten luz. Esa luz se denomina *radiación sincrotrón*, y permite que los grandes chorros de partículas puedan fotografiarse y estudiarse.

Producida por los electrones

Para una partícula dada, la radiación sincrotrón aumenta con su energía y con la intensidad del campo magnético. Dicho de otro modo: cuanto más energéticas sean las partículas o cuanto más intenso sea el campo magnético, tanto mayor será la radiación que emitan. Por otro lado, la radiación emitida tiende a disminuir conforme aumenta la masa de las partículas. Por ello, la radiación emitida por un electrón será 2000 veces mayor que la emitida por un protón, en el caso de que tengan la misma energía. La radiación emitida por iones más pesados será todavía mucho menor. Debido a esto, en el jet relativista es frecuente hablar de electrones en lugar de partículas en general, ya que son ellos los que producen la mayor parte de la luz. Muy cerca del agujero negro, los electrones que emiten luz tienen mucha energía y emiten en rayos X. Lo que sucede es que rápidamente gastan toda su energía y «mueren» porque tienen un tiempo de vida media muy corto. De este modo, la radiación pasa a estar dominada por electrones menos energéticos y la mayoría de su radiación se emite en ondas de radio. Los chorros relativistas emiten fundamentalmente en ondas de radio y pueden estudiarse con gran detalle con los interferómetros, sobre todo con la técnica de interferometría de muy larga base. Los chorros relativistas tienen tamaños enormes, algunos de hasta millones de años-luz. Las partículas se van decelerando, pero dado que los chorros se siguen observando, ello significa que, a estas distancias tan enormes del agujero negro, las partículas mantienen la suficiente energía y el campo magnético es lo suficientemente intenso para seguir emitiendo luz sincrotrón.

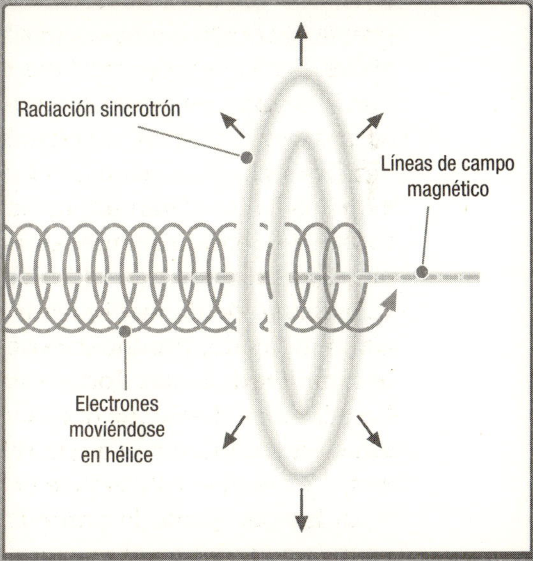

go, desde el punto de vista de un observador externo, esa luz se concentra en un chorro de radiación muy estrecho, tanto más estrecho conforme más relativista sea la partícula.

La frecuencia con la que el observador capta la luz no es la frecuencia a la que se ha emitido, sino que está desplazada por el denominado *factor Doppler relativista* (incluye tanto el factor Doppler clásico, un ejemplo del cual es la alteración del sonido de un tren conforme se acerque o se aleje de nosotros, como una contribución adicional por tratarse de un plasma relativista).

La luz emitida por los chorros se ve profundamente alterada por el denominado factor *Doppler Boosting* de reforzamiento de la emisión. Por su propia naturaleza, los chorros tienen que ser bidireccionales e igualmente intensos en ambas direcciones con respecto al disco de acrecimiento. Sin embargo, en muchos de los chorros se encuentra que, o bien existe uno solo o uno de ellos es mucho más intenso que el otro. Ello es debido a que cuando se observan chorros relativistas, aquel que está más dirigido hacia el observador —referido aquí como el *jet*— aumenta su emisión, tanto más cuanto más enfocado esté hacia él; por el contrario, el chorro que apunta en dirección opuesta al observador —el *contrajet*— disminuirá su emisión. De este modo, el contraste de brillo entre el jet y el contrajet aumenta conforme más orientado esté el jet hacia el observador. Este contraste puede llegar a ser de hasta un millón de veces, por lo que en realidad solo se detectaría uno de los chorros. Este hecho es una nueva comprobación indirecta de la existencia de un flujo relativista. Si las velocidades tuvieran valores normales, estos efectos de alto contraste serían despreciables.

Los chorros no muestran un brillo uniforme, sino que presentan ciertas regiones de emisión más brillantes. Se denominan *componentes*, y están asociadas con eyecciones de plasma desde el vecindario del agujero negro. Normalmente, la formación de estas componentes sigue en el tiempo a un vaciado de material desde el disco de acrecimiento hacia el agujero negro. Experimentalmente puede verse que la luz en rayos X disminuye, la luz en ondas de radio aumenta y se forma una nueva componente en el chorro. Estas componentes suelen ser viajeras y muchas

¿VELOCIDADES SUPERIORES A LAS DE LA LUZ?

Los chorros relativistas no son homogéneos. Tienen un motor central, denominado núcleo, y están formados por una serie de regiones de emisión, denominadas componentes, que se desplazan con el tiempo a lo largo del chorro. Al estudiar los movimientos proyectados en el plano del cielo, se han medido velocidades aparentes mayores que la velocidad de la luz.

Simple percepción

Evidentemente las velocidades reales no pueden ser mayores que la velocidad de la luz, por lo que es necesario buscar una explicación al fenómeno. Consideremos una región de emisión que viaja a lo largo del chorro relativista a una velocidad v, formando un ángulo θ con la dirección del observador. Supongamos que dicha componente emite dos pulsos de luz separados por un tiempo Δt: el primero recorrerá durante ese intervalo de tiempo una distancia $c\Delta t$; sin embargo, dado que la componente ha ido viajando a lo largo del chorro relativista en ese intervalo de tiempo, el segundo pulso de luz recorrerá una distancia menor que el primero, por lo que tardará un tiempo inferior a Δt en llegar hasta el observador. De este modo, si el observador considera tan solo el movimiento perpendicular en el plano del cielo, tendrá la impresión de que el cuerpo se ha movido a más velocidad de la real. En las observaciones de VLBI, se han medido velocidades aparentes de varias decenas de veces la velocidad de la luz. Para que los movimientos superluminales puedan producirse, el plasma relativista tiene que viajar necesariamente a velocidades muy próximas a la de la luz. Constituyen, por lo tanto, una prueba indirecta de la presencia de un plasma relativista. Si viajara a una velocidad no relativista, el «ahorro» de camino del segundo pulso de luz sería despreciable, y no se medirían velocidades superluminales.

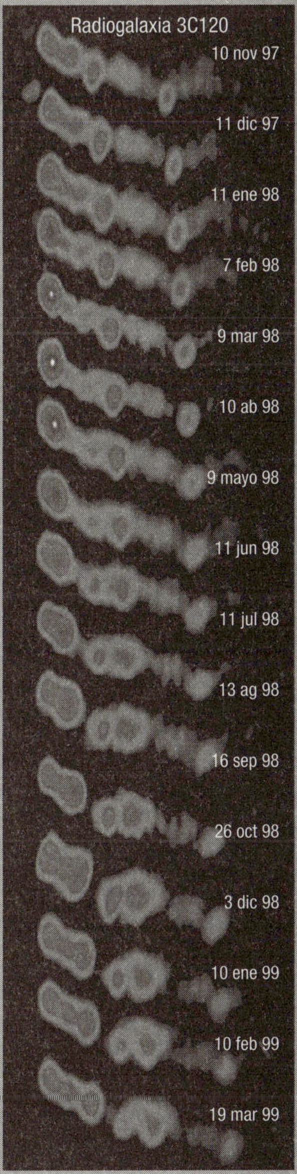

Imágenes mensuales del jet relativista de la galaxia activa 3C120 a lo largo de dos años. Puede verse la existencia de componentes (regiones emisoras) que viajan a lo largo de su estructura. Se han medido para ellas velocidades aparentes mayores que la velocidad de la luz, lo que requiere que el plasma que lo forma sea relativista.

En esta imagen de la galaxia Centaurus A se han combinado observaciones en luz visible, microondas y rayos X para poder mostrar los dos chorros de partículas delatadores de la presencia de un agujero negro masivo en su centro. Las estructuras en forma de llamarada, una al final de cada chorro, generan fuertes emisiones de ondas de radio.

de ellas parecen moverse a velocidades superiores a la velocidad de la luz. A este fenómeno se le conoce como *movimiento superluminal.*

Chorros relativistas en microquásares y en galaxias activas

La presencia de los chorros relativistas en las galaxias activas y su existencia en los microquásares responden a un mismo fenómeno: la acreción de materia hacia el agujero negro central. La fenomenología física es la misma, pero las magnitudes son muy diferentes, por lo que ambos fenómenos presentan diferencias importantes. La diferencia fundamental radica en la masa del objeto central: en el caso de los agujeros negros supermasivos se habla de masas de miles de millones de veces la masa del Sol (o incluso más), mientras que en el caso de los microquásares se habla de objetos de unas diez veces la masa del Sol. Ello se traduce inmediatamente también en una diferencia en la tasa de acreción de materia hacia su interior, que en el caso de los agujeros negros supermasivos puede ser de hasta 10 soles por año y en el caso de los agujeros negros estelares sería de una milmillonésima de sol en un año. Esta diferencia tan enorme (de un factor de diez mil millones) implica una diferencia en la luz que emiten, por lo que los núcleos de las galaxias activas son mucho más luminosos, razón por la que se detectan prácticamente hasta en los confines del universo, mientras que los microquásares se detectan tan solo en nuestra galaxia o, en todo caso, en las galaxias vecinas. Sin embargo, la temperatura en las regiones más internas del disco es mayor para los microquásares, donde es de unos 10 millones de grados, frente a los 100 000 grados del disco de las galaxias activas. La primera temperatura corresponde al rango de energía de los rayos X, mientras que la segunda está más cerca de la radiación visible y ultravioleta, y de ahí que las galaxias activas fueran descubiertas antes que los microquásares.

Como el tamaño del agujero negro es proporcional a su masa, las escalas de tiempo características en las que variará la luz que emite un objeto serán proporcionales a su tamaño dividido por la

KIP THORNE

Kip Thorne, nacido en 1940 en Logan, Utah, Estados Unidos, fue discípulo de John Wheeler y viejo amigo de los grandes nombres que desarrollaron la física gravitacional. Como miembro del equipo de Wheeler, compitió con los grupos de Zeldóvich y Sciama en el análisis de la física que caracteriza a los agujeros negros. Con algunos de ellos estableció una relación de amistad como es el caso de Stephen Hawking e Igor Novikov, su *alter ego* en el equipo de Zeldóvich. Fue un espectador privilegiado de la edad de oro de la física gravitacional y del avance del conocimiento en el campo de los agujeros negros. Thorne se licenció en el Instituto Tecnológico de California (Caltech) en 1962 y se doctoró en la Universidad de Princeton en 1965. Volvió como investigador posdoctoral al Caltech, donde obtuvo una plaza de profesor de física teórica en 1970.

Ondas gravitatorias y agujeros negros

Thorne ha abordado problemas muy atractivos. Fue uno de los grandes promotores del experimento LIGO, que ha detectado ondas gravitatorias a partir de la medición de las fluctuaciones o variaciones de la distancia entre dos puntos estáticos. Para ello se han desarrollado interferómetros láser capaces de medir distancias con gran precisión y algoritmos matemáticos que analizan de modo semiautomático los datos captados por el instrumento. La importancia de los detectores de ondas gravitatorias es que pueden dar información sobre el origen mismo del universo. Las contribuciones de Thorne a la física de los agujeros negros han sido fundamentales y variadas: aplicó la teoría de la relatividad general a los discos de acrecimiento delgados, y demostró que la entropía del agujero negro se relaciona con el número de configuraciones que pudo dar lugar a su formación, entre otros resultados.

Agujeros de gusano

Thorne fue uno de los primeros científicos que abordó la posible conexión entre posiciones distantes del espacio-tiempo a través de «atajos» conocidos como *agujeros de gusano* e incluso la posible existencia de máquinas del tiempo. De momento es solo una posibilidad teórica. Según Thorne, el agujero de gusano uniendo dos regiones cósmicas distantes podría mantenerse abierto si en su interior existiera una clase hipotética de materia con antigravedad y energía calificable de negativa. Sin esta ayuda crucial, la parte delgada del doble embudo se estrecharía más y más de manera inexorable, hasta desaparecer.

> Los agujeros de gusano están a nuestro alrededor, en las grietas del espacio y del tiempo, pero son demasiado pequeños para poderlos ver.
>
> STEPHEN HAWKING

velocidad con la que se transmite la información, que es la velocidad de la luz. Por lo tanto, se espera que fenómenos como la acreción de materia, acompañada de la producción de chorros relativistas, se manifiesten en variaciones de la luz que emiten mucho más rápidas en los microquásares que en las galaxias activas. De este modo, en la práctica unos pocos minutos de observación en la vida de un microquásar equivalen a decenas de años en la vida de un agujero negro supermasivo. Y por ello, muchos de los fenómenos que se han descrito en este libro, se pueden manifestar de forma mucho más ágil en los microquásares.

LOS AGUJEROS NEGROS, ¿PUERTAS A OTROS UNIVERSOS?

El universo es enorme. Si se quisiera viajar desde el sistema solar al centro de nuestra galaxia se necesitarían más de 25 000 años. ¿Existiría alguna opción de acortar ese tiempo de viaje? En teoría, la hay, y podría llevarse a la práctica aprovechando la «maquinaria» de los agujeros negros. La idea sería viajar a través de los denominados agujeros de gusano, que son túneles hipotéticos en el espacio-tiempo en cuyo extremo de entrada estaría un agujero negro y en el de salida, un «agujero blanco» (figura 5), o bien dos agujeros negros en los que no existieran horizontes de sucesos. La apertura del agujero de gusano se vería como una gran esfera que actuaría a modo de una lente óptica. Se produciría un efecto de lente gravitacional sobre los objetos astronómicos que se ubicaran al otro lado del agujero de gusano. La forma en que usualmente se describe el concepto se basa en imaginarnos el universo como una hoja de papel. En este universo cuyo espacio es bidimensional, para viajar de un punto a otro de la hoja lo normal es recorrer toda la porción de superficie entre ambos. Sin embargo, si se dobla la hoja del modo adecuado es posible poner en contacto los dos puntos distantes. La estructura creada en la hoja al do-

FIG. 5

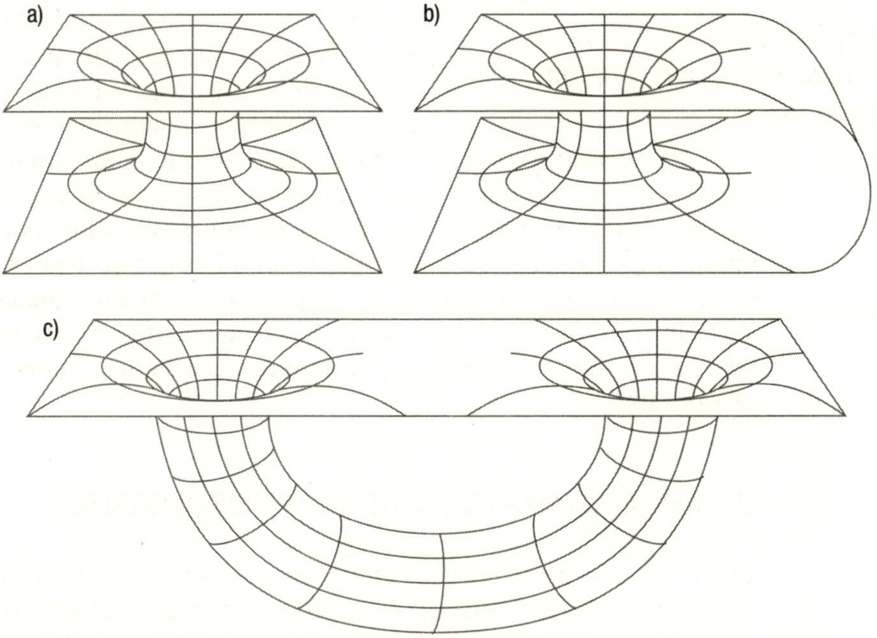

La imagen muestra tres topologías diferentes para un agujero de gusano: en el caso a), el agujero conecta dos universos distintos; en los casos b) y c), se conectan diferentes regiones de un mismo universo, acortando y alargando el camino con respecto al trayecto normal de conexión de las regiones dentro del mismo. Un agujero de gusano conecta dos gargantas de entrada similares a las de dos agujeros negros, pero al no tener horizonte de sucesos, se posibilita la entrada y la salida de él.

blarla es un agujero de gusano en ese universo bidimensional. En nuestro universo, cuyo espacio es tridimensional, quizá podría existir un agujero de gusano gracias a la acción de una gravedad muy intensa distorsionando el espacio, como la de un agujero negro. Una distorsión apropiada del espacio lograría «encogerlo» o «desgarrarlo». Se formaría así un agujero de gusano.

¿Son realizables estos túneles físicamente? Los agujeros de gusano encajan en la teoría de la relatividad general, y también en la descripción de la gravedad como la teoría que explica la deformación del espacio-tiempo. En 1935, Einstein y su colega

¿PODRÍAN EXISTIR OTROS UNIVERSOS?

Toda la física que hemos descrito en este libro tiene un escenario común que es nuestro universo. Si se quisiera definir en uno o dos *tweets*, se podría decir: «El universo es una región infinita del espacio-tiempo que se expande aceleradamente y que surgió a partir del Big Bang», o «en las primeras etapas del Big Bang se produjeron perturbaciones muy pequeñas que posibilitaron que cada región evolucionara de una forma ligeramente distinta». Sin embargo, hay un hecho que siempre ha de tenerse en cuenta: la velocidad de la luz en el vacío es enorme, de casi 300 000 km/s, pero es finita. El conocimiento que se tiene llega hasta los 13 800 millones de años-luz, que es la distancia recorrida por la luz a lo largo de la edad del universo. Pero ¿podría haber algo más allá? Efectivamente, podría haber otro universo, que no estaría en contacto con el nuestro porque la propia velocidad de la luz impediría esa conexión. De este modo podría hablarse de un multiverso, que estaría formado por un conjunto de universos que serían regiones con la misma concepción del espacio-tiempo, con las mismas leyes de la física, pero con una evolución diferente y sin conexión alguna entre ellos. Esta realidad plantearía un resultado inquietante y apasionante a la vez: diversos estudios han mostrado que el número de evoluciones que puede seguir un universo dado con las mismas leyes de la física es enorme, pero no infinito. Ello significa que, dado que las regiones inaccesibles a nuestro universo podrían ser infinitas, ¡en alguna otra región del multiverso podría existir un universo similar al nuestro, con sus propios agujeros negros!

Universos paralelos… y diferentes

Pero podría ampliarse el concepto: no necesariamente las constantes de la física tendrían que ser similares en todos los universos. Y esto no es baladí: cualquier pequeño cambio en la masa de las partículas elementales alteraría, por ejemplo, la estabilidad de los núcleos atómicos y, por lo tanto, de la vida. Cada uno de estos tendría su propio origen (un Big-Bang *ad hoc*), con diferentes características: diferentes partículas elementales, diferentes fuerzas, diferentes formas de vida… Se formaría así un multiverso de multiversos. El lector se dará cuenta de que todavía hay más: todos los multiversos que se han mencionado hasta ahora comparten las leyes de la física (la física cuántica, la relatividad general, las leyes de la naturaleza) pero podría pensarse en otro conjunto de universos en los que no se verificara la física cuántica o la relatividad general y no existieran los agujeros negros. Se estaría hablando de nuevas leyes, nuevos universos, nuevas realizaciones matemáticas de nuevas realidades. Un tema que, aunque apasionante, excede el objetivo de este libro.

Hay hipótesis que plantean la posibilidad de que nuestro universo esté experimentando alguna influencia de tipo gravitatorio proveniente de un universo paralelo. Si esto es cierto, la posible detección futura de patrones extraños de ondas gravitatorias podría aportar indicios de la existencia de universos paralelos. Predichas por Albert Einstein como parte de su teoría de la relatividad general, dichas ondas, descritas a menudo como ondulaciones o arrugas en el espacio-tiempo, se propagan de un modo que recuerda en algunos aspectos a las ondas en el agua de un charco formadas cuando una piedra cae en él. Las ondas gravitatorias son muy difíciles de detectar y constituyen un campo de investigación muy activo. Se emiten sobre todo en fenómenos en los que esté implicada la acción de masas enormes, como los púlsares binarios o el acercamiento entre dos agujeros negros y su fusión en uno solo, proceso mostrado en la ilustración. Esta imagen corresponde a una simulación de tal proceso realizada con una supercomputadora de la NASA.

Nathan Rosen publicaron un artículo científico en el que defendían la existencia de estos túneles, pero tendrían un tiempo de vida media muy corto, de modo que ni la luz tendría tiempo de atravesarlos. En los años ochenta, el físico estadounidense Kip Thorne dio un paso adelante en estos estudios: la única manera de mantener un agujero negro abierto es asumir que en su interior existe lo que Thorne denominó materia exótica. La materia exótica ejercería una especie de antigravedad y tendría energía negativa. Si la Tierra tuviera energía negativa y se dejara caer una pelota sobre su superficie, saldría disparada hacia afuera en vez de caer hacia la superficie terrestre. Es esta masa o energía negativa lo que impediría el cierre del agujero de gusano y su colapso. Sin embargo, los estudios más recientes indican que conseguir grandes cantidades de energía negativa parece muy difícil. Todo apunta a que para mantener operativo un agujero de gusano, se necesitaría mayor energía negativa de la que las leyes de la física permiten. Se ha calculado que para conseguir un agujero de gusano del tamaño del grano de una uva se necesitaría toda la energía que el Sol produce en 100 millones de años. Algunas teorías físicas tratan de buscar una explicación alternativa: materia extraña que no necesitaría tener energía negativa, teorías de la gravedad diferentes a la relatividad general de Einstein... Pero por ahora no hay soluciones claras.

Kip Thorne planteó también la posibilidad de que agujeros de gusano minúsculos pudieran formarse en la *espuma cuántica* del espacio-tiempo. La espuma cuántica es una consecuencia de la física cuántica. Surge a partir de las fluctuaciones del espacio-tiempo: debido al principio de incertidumbre de Heisenberg del que hemos hablado en el capítulo 1, pueden crearse partículas virtuales y existir brevemente antes de volver a aniquilarse produciendo energía. Manejando escalas tan pequeñas, las turbulencias de energía pueden ser enormes, con grandes curvaturas del espacio-tiempo, de modo que se produciría una textura espumosa. Estos agujeros de gusano se formarían a escalas cuánticas, con un tamaño muchísimo más pequeño que el de un núcleo atómico, de manera que en la práctica no podrían ser atravesados por nada. Un agujero de gusano de esta clase tendría que crecer, y para ello se necesitaría inyectar energía negativa. Sin embargo, hoy en día no existe una teoría de la gravedad cuántica que explique la forma de hacerlo. No hay una solución sencilla.

Parece que el sueño del viaje interestelar a través de una «autopista» de agujeros de gusano deberá quedarse en eso: un sueño. No obstante, es muy posible que en los próximos años se produzcan importantes avances en esta y otras conjeturas de entre las muchas que rodean a los agujeros negros. Y esto es así no solo porque la comunidad astrofísica lo desee, sino porque la nitidez y resolución temporal de las observaciones mejora rápidamente.

Se trata de un periodo apasionante en la investigación de los agujeros negros, con fenómenos extraordinarios a la espera de ser acogidos por una interpretación definitiva que arroje luz sobre otros ámbitos de la astrofísica: los estallidos de rayos gamma, la teoría holográfica del universo, la evidencia de la emisión de ondas gravitatorias en sistemas binarios...

Un futuro apasionante abierto a todos aquellos que tengan las suficientes dosis de curiosidad.

LECTURAS RECOMENDADAS

ALBERDI, A., LÓPEZ, S., *Un viaje al cosmos en 52 semanas*, Colección Divulgación CSIC, Madrid, Editorial Catarata, 2008.

BEGELMAN, M., REES, M., *Gravity's Fatal Attraction, Black Holes in the Universe*, Cambridge University Press, 2010.

EINSTEIN, A., *Sobre la teoría de la relatividad especial y general*, Madrid, Alianza Editorial, 2008.

FERNÁNDEZ, T., MONTESINOS, B., *El desafío del universo*, Madrid, Espasa Calpe S.A., 2007.

HAWKING, S.W., *Historia del tiempo: del Big Bang a los agujeros negros*, Madrid, Alianza Editorial, 2011.

MOLES, M., *El jardín de las galaxias*, Madrid, Editorial Catarata, 2009.

REES, M., *Antes del principio: el cosmos y otros universos*, Barcelona, Tusquets Editores, 1999.

SAGAN, C., *Cosmos*, Barcelona, Planeta, 2004.

SUSKIND, L., *La guerra de los agujeros negros: una controversia científica sobre las leyes últimas de la naturaleza*, Barcelona, Editorial Crítica, 2009.

THORNE, K.S., *Agujeros negros y tiempo curvo*, Barcelona, Editorial Crítica, 1995.

WHEELER, J.A., *A Journey into Gravity and Space Time*, Nueva York, Scientific American Library, 1990.

ÍNDICE

acrecimiento/acreción 50, 65-68, 70, 71, 75, 84, 87-91, 93, 116, 118, 124,125, 127-129, 132, 136-138

agujero negro 8-17, 19-33, 35-38, 40, 41, 43-50, 53, 55, 57, 59, 62, 63, 65-80, 84-91, 94, 97-99, 101, 104, 107, 108, 110, 113, 116-118, 120, 122-132, 134, 136-140, 142, 143

- de Kerr 24
- estelar 47, 62, 63, 66, 76, 77, 87, 88, 104, 136
- primordial 36, 37
- supermasivo 10, 11, 17, 32, 76, 77, 90, 97-99, 108, 110, 113, 117, 118, 120, 122, 128, 136, 138

agujeros de gusano 9, 20, 21, 32, 45, 137-139, 142, 143

Big Bang 36-38, 118, 140

bulbo galáctico 100, 101

campo magnético 53, 56, 68, 69, 87, 104, 122, 127-131

chorro relativista 62-65, 67, 68, 71, 73, 84, 87, 88, 90-94, 104, 129, 133

colápsares 89-93

colapso 19, 23, 36, 41, 42, 50, 52, 53, 57, 59, 60, 62, 94, 118, 120, 142

constante de gravitación universal 17, 28

curvatura 1 8, 23, 24, 28, 114, 142

dilatación del tiempo 28, 32, 114, 130

disco de acrecimiento/de acreción 50, 65-68, 70, 71, 84, 87-93, 116, 124, 125, 127-129, 132

Doppler
Boosting, factor 132
clásico, factor 132
efecto 81, 82, 122
relativista, factor 132

emisión 36, 50, 58, 70, 71, 82, 84, 86, 91, 94, 101, 104, 106, 114, 116, 120-122, 124, 125, 127, 128, 132, 133, 143
máser 83-86, 125
enana blanca 52-55, 57
entropía 40, 41, 129, 137
ergosfera 25, 26, 62, 127
esfera de influencia 77
espacio-tiempo 8, 18, 20, 21, 23-, 24, 28, 32, 33, 41, 44, 59, 62, 114, 126, 137, 138, 140, 142
espaguetización 24-25
espectro (espectroscopía) 35, 75, 81-83, 85, 86, 94, 100, 101, 112, 117, 118, 121, 122, 124
espín del agujero negro 52, 86, 87
espuma cuántica 21, 142
estrella de neutrones 8, 53, 55, 56, 58, 63, 66, 94
evaporación del agujero negro 31, 36, 37, 43, 124
evolución estelar 57, 94
extinción 101

formación estelar 52, 53, 107, 117
fricción 66
fuerzas de marea 24, 32

galaxias
activas 71, 76, 87-90, 120, 121, 127, 133, 136, 138
elípticas 17
espirales 17, 120
Gamma Ray Burst (GRB) 87, 88, 90, 91, 94, 95
gas 7, 10, 11, 50, 54, 57, 63, 66, 67, 76, 78, 80-84, 87, 93, 97-100, 102, 104, 106-108, 111, 116, 117, 119-122, 124, 125, 127, 130
interestelar 80, 82
ionizado 82, 83
molecular 50, 81, 84, 100, 106, 107, 124
geodésica 23, 28
gravedad cuántica 19, 20, 36, 41, 126, 143
gravitación 8, 17, 20, 28, 86, 113, 137,138, 143

halo 32, 75, 77, 100-101
horizonte de sucesos 9, 22-27, 29-33, 40, 43, 44, 62, 73, 116, 139

interferometría 108, 109, 112, 131

jet (véase también chorro relativista) 85, 88, 94, 116, 131-133

lentes gravitacionales 138
límite de Chandrasekhar 52, 53, 57, 62
línea de fluorescencia del hierro 86
luminosidad 68, 75, 108, 116

materia
exótica 142
oscura 77, 100, 118

material circumestelar 60, 63
medio interestelar 53, 60
método de las velocidades radiales 63
microquásares 68, 70, 71, 87-90, 104, 127, 136, 138
momento angular 25, 26, 41, 42, 53, 66, 86, 87
movimiento superluminal 133, 136
multiversos 140

neutrinos 60
nube
cósmica 84
de gas 7, 10, 50, 54, 102, 104, 117, 119, 125
molecular 50, 84
nucleosíntesis 75

onda gravitatoria/gravitacional 22, 57, 58, 94, 137, 140, 143
órbita estable 22, 26, 27, 76, 113, 127

pares virtuales de partículas 30, 31
pérdida de Información cuántica 26, 38, 40, 41, 43-45
plasma relativista 68, 69, 71, 128-130, 132-133
polvo interestelar 7, 11, 35, 97, 100, 101, 104, 111, 121, 122, 124, 125
presión de degeneración 52, 53, 57, 59, 60, 62
principio de incertidumbre de Heisenberg 30, 142
púlsar 10, 56, 58, 59

radiación 9, 10, 29, 31, 36, 38, 40, 43, 51, 52, 56, 60, 66, 70, 75, 91, 101, 104, 111, 130-132, 136
de Hawking 29, 31, 36, 38, 43
electromagnética 10
sincrotrón 130, 131
térmica 29, 43
radio de Schwarzschild o radio gravitacional 22, 25-27, 70, 78, 85, 86, 99, 113
relatividad
especial 16, 28, 114, 130
general 10, 19, 20, 26, 27, 38, 44, 56, 58, 59, 76, 90, 94, 99, 113, 126, 137, 139, 140, 142,
resolución angular 109
rotación 11, 24-27, 41-43, 53, 56, 57, 62, 77, 82, 84-86, 91, 94, 100, 101, 120, 124, 127-129
kepleriana 77, 85
diferencial 124

SgrA* 10, 17, 77-79, 107, 108, 110-113, 116, 117, 119, 120
singularidad 9, 11, 18, 20, 23-25, 29, 32, 38, 53, 62, 126
sistema binario 11, 35, 58, 63, 66, 67, 80, 87, 94, 143
supernova 7, 8, 53-55, 60, 91, 93, 94, 104, 124

teorema de la ausencia de pelo 26, 41, 43
teoría holográfica 44, 143
turbulencia 105, 142

variabilidad 70, 121
velocidad
de dispersión estelar 82, 119
de escape 9, 16, 18, 90, 122, 128

de la luz 16, 22, 24, 28, 29, 70, 90, 113, 114, 122, 128, 130, 133, 136, 138, 140
Vía Láctea 10, 17, 63, 75, 76, 78-80, 91, 99-102, 104, 106, 108, 110-112, 116, 117, 120
viento estelar 53, 63, 66, 125,
VLBI 108, 111-113, 116, 133